别让直性子害了你

刘 斌/编著

中国出版集团 研究出版社

图书在版编目（CIP）数据

别让直性子害了你 / 刘斌编著. -- 北京 : 研究出版社，2017.6

ISBN 978-7-5199-0031-1

Ⅰ. ①别… Ⅱ. ①刘… Ⅲ. ①情绪－自我控制－通俗读物 Ⅳ. ①B842.6-49

中国版本图书馆CIP数据核字（2017）第099061号

别让直性子害了你

出 品 人 赵卜慧
作　　者 刘　斌　编著
责任编辑 寇颖丹
责任校对 张　琨
责任印制 姜　婷
发行总监 黄绍兵
出版发行 研究出版社
地　　址 北京市东城区沙滩北街 2 号中研楼
邮政编码 100009
电　　话 010-63292534 63057714（发行中心）
63055259（总编室）
传　　真 010-63292534
网　　址 www.yanjiuchubanshe.com
电子信箱 yjcbsfxb@126.com
印　　刷 三河市兴国印务有限公司
开　　本 710 毫米 ×1000 毫米 1/16
印　　张 13.5
版　　次 2017 年 6 月第 1 版 2017 年 6 月第 1 次印刷
书　　号 ISBN 978-7-5199-0031-1
定　　价 39.80 元

目　录

CONTENTS

第七章

放低姿态，才能左右逢源 /183

第一章

心直口快，直性子会害你一生

一个人性格耿直、心直口快虽然是天性使然，但如果不加以控制，很容易得罪人，让自己陷入四处树敌的恶性循环。更有甚者，性子太直不但会惹祸上身，还有可能贻误终生，让人一辈子活在愤世嫉俗之中。

心直口快容易惹祸上身

直性子的最直接表现，就是心直口快，管不住自己的嘴。

心直口快的人往往口才很好，他们可以口若悬河，滔滔不绝地说个没完没了。但是他们的话总是说不到点上，于是说得越多，错得也越多。有的人一开口，就在喋喋不休地说着别人的短处、缺点，而不是去赞美别人。而真正会说话的人，不仅口才好，还懂得如何管住自己的嘴。当然，心直口快和真正会说话的人，他们的际遇会有天壤之别。

首先，让我们看看，那些嘴里充满了怨言的人，会遭遇到什么吧。

在南北朝时，北周有一位大将叫贺若敦，是个能征惯战的猛将。他在战场上作战勇猛，很有智谋，所以带兵出征无往而不胜。可回到朝廷却总是得罪人，原因就是嘴太臭，心直口快有什么说什么。因为这个毛病，他得不到晋国公宇文护的欢心。

贺若敦虽然打仗立了许多战功，可是因为说话得罪人，得不到上司青睐，所以一直没有升官。他看到别人都做了大将军，唯独自己没有被晋升，心中很不服气。他自以为功高才大，不甘心居于同僚之下。于是天天抱怨，甚至扬言要与别人一决雌雄。这些话传到了宇文护的耳朵里，当然更加不喜欢他。

不久之后，贺若敦又一次奉命出征，打了个大胜仗，率领大军凯旋。这一次，他自以为立了大功，朝廷肯定要封赏他了吧。然而让他没有想到的是，由于他在朝廷上得罪人太多，再加上他治军不严，贺若敦反而被撤掉了原来的职务。这下他更恼怒了，怨言也更多，甚至连皇帝也捎带埋怨上了。

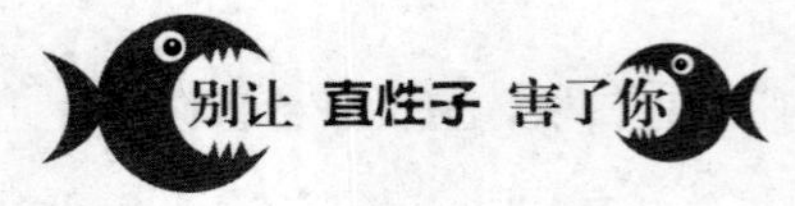

宇文护听了以后，十分恼怒，便把他从中州刺史任上调了回来，迫他自杀。

贺若敦临死之前，痛心疾首地对儿子说："我有志平定江南，为国效力，而今未能实现，你一定要继承我的遗志。我为了这条舌头把命都丢了，这个教训你不能不记住啊！"说完便拿起锥子，狠狠地刺破了儿子的舌头，想让儿子记住这血的教训。

就因为心直口快，一名英勇善战的大将，没能战死沙场，却死在自己的一张嘴上，贺若敦的教训实在值得人们深思。正所谓"祸从口出"，就是指这类管不住自己嘴的人。一个人，如果只长一张嘴而不长脑子，口才再好又有何用?

相反，有的人却可以凭着自己一张巧嘴，在危险中救得自己的性命。

唐朝"安史之乱"中，安禄山攻陷京城长安，在皇宫中捉到了一名乐工，正准备推出午门问斩之时，那乐工大叫道："你不能杀我啊！"

安禄山坐在唐明皇的龙椅上，双手摸着肥厚的肚子笑道："我为何不能杀你？"

"我有一技之长，你杀了我会后悔的。"

安禄山大笑："你不就是会吹吹打打吗？杀了你何悔之有？"

"我还会占梦啊！"乐工忙道。

"你会占梦？那好，我问你，昨晚我做了一个梦，你若能解，我就不杀你。否则……"

"将军请说，我一定能解！"

"我梦见自己的衣袖筒很长，手臂无论如何也伸不出来。你说说这个梦是什么意思？"

乐工听后，沉思片刻，便拱手相答："这是大吉之梦：衣袖不能出手，意味着将军可垂衣而治天下啊！"

安禄山听得心中乐滋滋的，便放了乐工。

几年后，"安史之乱"被平定，皇帝听说乐工的这一"劣迹"，便逮来要杀他的头。

乐工又连呼冤枉："我过去为叛贼解梦，并非真心为他办事，而是要麻痹他的斗志。梦的本意是袖子很长，手取不出来，正应验了'出手不得'的谚语啊！皇上要杀我，岂不冤枉了我一片苦心？"

皇帝觉得乐工所言有理，于是赦免了他，并给予一定的奖赏。

由此可见，口才既能招祸，也能救命，就看你会不会运用。用得不好，在不合适的场合说出不合适的话，就是"祸从口出"；用得好，即便是在凶险万分的情况下，一句妙语，往往也能化险为夷。

与其说话冲动，不如暂时沉默

一个人成熟的标志在于他是否能得体地讲话。什么时候该讲，什么时候不该讲，什么话可以讲，什么话不可以讲，都要做到心中有数。要像收紧的小口袋那样，将心中的想法思量一番组织好语言，然后用恰当的语句表达出来。

年轻人走向社会前，都会收到长辈和恩师苦口婆心的教诲：在某些特殊的场合，说话一定要谨慎，想好了再开口，不要随便发表意见。对于看不清原委的事情，切不可想到什么说什么，话一出口又不承担责任。

爱说是非者，必是是非人。对于那些口无遮拦的人，我们真诚地建议：说话前三思而后行，管好自己的嘴，否则会耽误大事。因为很多脱口而出的话，会给自己惹来不必要的麻烦，甚至会损害自己的名声，一旦惹祸上身，就来不及补救了。

某企业的人力资源部经理对面试过的一个年轻人印象深刻：一天，一个表面看上去很内向的求职者走进她的办公室，回答问题时紧张不安。但在短短十几分钟时间里，竟然数次抢白别人的话题，说了不该他说的话。

于是，人力资源部经理果断地判断这个年轻人爱管闲事、口无遮拦又缺乏经验和修养。于是对他说："请到其他单位去试试吧。不过，我送你一句忠告：今后无论你在何处高就，都要谨慎开口，多听少言，不该说的话半句也不说，该说的话一定要认真、诚恳。好了，你走吧……"

真是一位善良的职场前辈，宁可得罪一个人，也要想办法帮助一位青年改正自己的缺点。这位年轻人如果依然我行我素，恐怕很难找到理想的单位，也难以找到意气相投的友人。

人们都说：“人言可畏。”要知道那些可畏的“人言”正是从“快嘴”“油嘴”中溜出来的。用拉链将那些“快嘴”“油嘴”关牢，闲言碎语就少了，是非也会少许多，烦恼自然也会变少。

跟朋友在一起聊天时，我们经常会为无谓的小事争执。争辩的结果也许能分出胜负，但也有可能会伤害彼此之间的感情，争辩得越厉害，对彼此的精神伤害就越大。为了一时的痛快和面子争论不休，即使你在争辩中获胜，心里得到了暂时的满足，但你却会失去对方的感情。即使他们表面上服了你了，内心却会更加抵触你。所以，你以为是你胜了，实际上是你败了。

斯蒂夫·哈德逊是一个为专业运动员和商界精英服务的私人教练，他说：“当是非问题尚未弄清原因前，我就送人一份礼物——沉默。”

他被自己的客户认为是一个最了不起的倾听者。他的训练效果有一半得归功于他倾听的能力，而沉默正是这种能力的表现之一，他训练他的客户对沉默表示尊敬。

斯蒂夫·哈德逊说：“如果你和一个重要的人在一起，你所要做的仅仅是保持沉默，让他们说话，去思考，让他们打开心扉，把那些一直想说却常常被别人的高谈阔论吓了回去的东西讲出来。”

“而且一开始你并不能明白他们所说的真正含义，乱插嘴是不讨好的。当你保持沉默的时候，纯粹是自己开始与自己对话，它引导着我，给我以心灵的触动。我安静下来的时候，我可以听到另一个人的声音透露出几种含义，我从这些含义里进行分析，找到我认为真实的东西。”

人生在世，往往都有无言以对的时刻，你在与人交往中毕竟不是对所有的是非问题都能立刻辨别清楚，甚至可能根本就没有真正的是非，而被你胡言乱语闹出了是非。

那么，不想说话就不说吧。在多说无益的时候，也许沉默就是最好的回答。和别人发生意见上的分歧，甚至造成言语上的冲突，所以你闷闷不乐，因为你觉

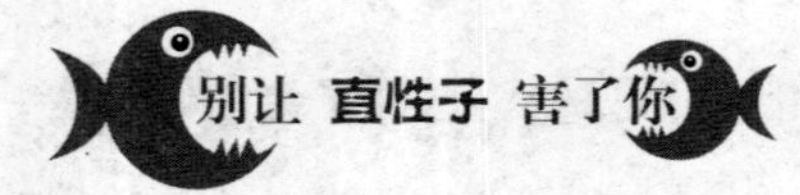

得别人对自己有恶意，而沉默可以轻松地解决一切。

放下这些不快，做个安静的思考者吧。

然后，重新反思自己在那场冲突中所说的每一句话。现在，你发会现自己其实也有冲动的地方，是不是？

你会渐渐心平气和了，有没有？

有时候你必须学会闭紧你的嘴巴，同时把腰弯下，因为这个动作可以让你谦卑。保持这样的态度待人接物，你会收获更轻松的人生。

君子之交决不出恶声

中国有句古话叫“君子绝交，不出恶声”，这句话的意思是说，在这个世界上与人亲密交往时，一定要诚意待人，保持良好的关系。以后即便关系破裂，断绝往来时，也不可出恶言，控诉对方的不是——绝交也要保持君子风度。

一个有处世经验的人，懂得人与人之间的分寸。无论持何种理由，即使中断来往，也不会口出恶声，诽谤对方。其实，如果与人不和转身走开就是了，多说反而多错。首先，倘若说了绝交者的坏话，等于承认自己识人不清，有眼无珠。其次，说他人坏话，诽谤他人，对方终究会有所耳闻，也会将对自己的怨恨一并发泄。

在现实生活中，很多人择友漫无目的，只要在一起喝过几次酒，便和对方推心置腹，这即所谓的酒肉朋友。无数事实证明，这种朋友根本靠不住。酒肉朋友还有一个特点就是，一旦遇事翻脸，立即口出恶语，互相谩骂不休，这实在太幼稚无知了。须知，道人之短者除了对自己名声不利外，是捞不到任何好处的。所以，交友时一定要慎重，断绝往来时也不要恶语伤人，否则谁还敢接近你呢？

“多个朋友多条道，多个敌人多堵墙”，这个道理任何时候都不会过时。一个人在生活中树敌过多，往往会使人陷入非常尴尬的境地。不仅在生活中迈不开步，即使是正常的工作，也会遇到种种不应有的麻烦。要避免遇到这样的麻烦，你首先要养成这么一个习惯，那就是不管在什么情况下，都尽量不要去指责别人。因为指责本身，是对人自尊心的一种伤害，它只能促使对方站起来维护他的荣誉，想方设法为自己辩解。即使对方当时不能对你怎么样，他也会记下你的一箭之仇，日后寻机报复。

如果因为你的过失，不小心伤害了别人，你一定要及时向对方道歉，这样做不但可以化敌为友，第一时间消除对方的敌意，说不定你们会相处得更好。“不打不相识”这一民谚就包含了这一哲理，既然得罪了别人，当时你自己一定需要某种“发泄”，但是这种发泄是建立在伤害别人自尊的基础之上的，一定会带来或多或少的反弹。与其等待别人“回泄”——不知何时飞出一支暗箭，远不如主动上前致意，以便尽释前嫌。

如果遇到一些纠纷，并且想使问题得到解决，就尽量不要采取争吵的方式。如果实在不得已而争吵的话，那也要适可而止，切莫得理不饶人。为了避免树敌，我们需要注意的是，在迫不得已与人发生争吵时不要非占上风不可，有时候故意处在下风也是个不错的策略。实际上，争吵中没有胜利者，即使是口头胜利。但与此同时，你又树立了一个对你心怀怨恨的敌人。

争吵总有一定原因，总有一定的目的。

在日常生活中，如果仅仅是因为观点不同而引发的争论，就应该避免争个高低。争吵除会使人结怨树敌，在公众面前破坏自己温文尔雅的形象外，没有丝毫的好处。如果你一面公开提出自己的主张，一面又对所有不同的意见进行抨击，那可是太不明智了，几乎等于把自己孤立起来。因为辩论而伤害别人的自尊心，结怨于人，既不利己，还有碍于人而使自己树敌，实在是不足取。

汉朝初年，直不疑被晋升，有人嫉妒他，诋毁说：“听说此人和他的嫂子私通。”这句谣言不久就传到直不疑的耳朵里。事实上，直不疑并没有哥哥，根本不可能和什么嫂子私通的。但是，直不疑并没有站出来，在大庭广众之下举证辟谣。因为，听到他辟谣的人毕竟是少数，再者，造谣者一计不成，还会造其他谣言的，他只是自言自语地说了一句：“我根本没有哥哥，怎么会……”对于谣言，你越争辩反而传播得越快，越是用权力、武力压制，就越会显得神秘而真实。直不疑对中伤根本不予理睬，反而很快就止住了中伤。

直不疑和几个人住在一起时，同屋的一个人假期回家，错拿了另一个同僚的钱。这个人发现钱没了后，怀疑是直不疑偷的。直不疑不仅道了歉，还赔了钱。事过不久，那人从老家回来，把拿错了的钱如数还给了失主。那个曾怀疑过直不疑的丢钱人，觉得自己如此草率很不好意思。这件事后，“直不疑成了了不起的人物”，这种评价很快就传开了。

直不疑就是用这种不是策略的策略在激烈的官场旋涡中周旋，一直升到了御史大夫。直不疑的为人处世之道，放在今天仍然有着非常重要的现实意义。对于他人明显的谬误，你最好不要直接纠正，否则好像是故意要显得你高明，伤了别人的自尊心。在生活中一定要记住，凡非原则之争，要多给对方以取胜的机会，这样不仅可以避免树敌，而且可使对方得到某种满足，可以“以胜消恨”。

守口如瓶，学会为朋友保密

据一位朋友说，美国人交朋友有不少准则，但是，交友的第一准则是“为对方保密”。乍听之下，感到有些奇怪，为什么不是别的，偏偏把“为对方保密”定为第一准则呢？

秘密是任何人都有的，一个孩子，长到一定的年龄，自我意识增强了，他就开始在一定范围内向别人保密。就是对最亲近的父母，也得“保”那么点“密”。可是，对自己的好友却可以敞开胸怀，交出自己的秘密。但是，有一个条件，他把秘密告诉了你，你得为他保密，不然，以后他就再也不会把秘密告诉你了。这种要求朋友保密的愿望，随着年岁的增长，越来越强烈。

一个人总有一些纯属个人私事的东西，这些“隐私”知道的范围就不能太广，有的就只能在自己与挚友之间“你知我知”。对自己的有些“伤心事”，譬如涉及家庭纠纷、生理缺陷、个人恩怨之类，这些个人的“隐私”，一个人闷在心中实在难耐，也无济于事，于是，一般就会向自己的知心好友倾诉，目的是赢得朋友的同情、爱怜，及时帮助自己出点子，想办法。

如果有人把朋友告诉他的“悄悄话”公之于众，可能会引起不少人的风言风语，甚至有人会歪曲事实真相，故意夸大其词，不仅不利于矛盾的解决，相反还会把事情搞坏。

而且，朋友把自己的“隐私”告诉你，即使没有叫你保密，也表明了他对你的极度信任。对此你只有为他分忧解难的义务，而没有把这种“隐私”张扬出去的权利。如果是无意间的泄密，还情有可原，认真向朋友做点说明，取得朋友的谅解就可以了。

青年男女有了异性朋友，最先知道的往往是最要好的朋友，而父母未必知道；工作中有什么走运的事，父母可能很快就知道了，而同事，特别是竞争激烈的朋友也未必知晓。两人评论第三人的优缺点的话，最害怕传到当事人耳中，什么时候敞开自己的胸怀，交出自己的“秘密”，要视情况变化而定。

交际场上，你的人气不是一朝一夕所能建立起来的，要由平日累积而成，由事实表现出来。如果你在人前信誓旦旦，承诺保守秘密，但背后却说三道四，不但损害你的形象，成为人人讨厌的“小喇叭”“传声筒”，还会引起朋友间的矛盾。

调整处世策略，与人灵活相处

每个人都有属于自己的脾气和性格，有些人虽然表面看起来傲慢倔强，但只要你能够掌握了他们的脾气区别对待，在以后的交往过程中你会顺利很多。

常言道："人上一百，形形色色。"在日常的人际交往中难免会遇到形形色色怪脾气的人，如何把握每个人的秉性，采取比较合适的方式与其融洽相处，是一门比较高明的学问。所以了解与掌握和不同习性的人打交道的技巧是非常重要的。

一、与死板的人如何相处

死板的人通常的表现是坚持自我，对人漠不关心。尽管你非常热情地与他寒暄、打招呼，他也总是一副漠不关心的样子，不会做出你所希望的任何反应。实际上，尽管死板的人一般情况下没什么兴趣和爱好，也不太喜欢和别人沟通，但他们的内心会寻找自己追求和关心的事。因此，在与这类人交往时，不仅不要冷淡，反而更应该多花些时间仔细观察，注意他们的日常言行，从他们的行为中找出他们真正感兴趣的事来。一旦谈到他们所感兴趣的话题，对方很可能马上会一扫平时的那种表情，而对你表现出极大的热情。

二、与傲慢无礼的人如何相处

傲慢无礼的人往往骄傲自大、恃才傲物，常常表现出一副"唯我独尊"的样子。与他们打交道，实在是一件让人头疼的事情。然而，为了你日常工作的需要，又不得不与这种人接触的时候，该怎么办呢？

最恰当的方法有三种：

1. 尽可能地缩短与其交往的时间。在能够比较全面表达自己的意见和态度的情况下，尽可能不要给他能够表现自己傲慢无礼的机会。如此一来，对方可能也会因为缺乏这样的机会，而不得不认真思考你所提出的问题。

2. 说话的语言要简洁明了。尽可能用最少的语言来清晰表达你的要求与问题。这样，让对方感觉到你是一个很直接的人，是一个没有时间去讨价还价的人，因而放下自己的架子。

3. 你可以邀请这种人去跳跳舞、聊聊平时的生活、去 KTV 唱歌，等等。而当对方一旦在你面前表露出真正的本色之后，在日后的交往过程中，他往往对你的态度就会发生转变。

三、与话少的人如何相处

通常会把沉默少语的人称为“闷葫芦”，和这种人交流，总会感觉到沉闷和压力。尤其是对于一些性格比较外向、思维比较活跃的人，更会感觉难受。因此处在这种情况下，有些人为了打破这种沉闷的气氛，便故意找些话题来聊天。其实这是完全没有必要的。对于沉默寡言的人而言，之所以会这样，可能是他们有心事而不想说话。在这种情形下，你应该保持安静，不要去破坏对方的心境，让对方保持一种比较自然的生存方式；反过来说，你倘若拼命地找话题与对方聊天，事情的发展只会超出你的意料，事态有可能朝着相反的方向发展。

四、与内心自私的人如何相处

内心自私的人尽管心目中只有自己，特别在意个人利益的得失，然而，他们也经常会因利而努力地工作。你对他们不要有过高的期望，也没有必要希望他们能够像朋友那样注重情义。与这种人的交往可以仅仅维持在一种相互交换的关系，按自己的付出给予相应的回报，付出的程度不同，收获的利益也会不一样。

五、与争强好胜的人如何相处

争强好胜的人往往骄傲自大，自我表现的欲望十分强烈。他们总是努力证明自己比别人强，比别人好。当碰到竞争对手的时候，他们总是想尽一切办法挤兑别人，费尽心思地打击别人，努力在各方面占上风。对此类人，你不能放任自流，而应在必要的时候，用必要的方式来打击一下他的傲气，使他明白人外有人，山外有山。

六、与狂妄自大的人如何相处

狂妄的人实际上肚子里并没有多少东西，往往是自我吹捧，比较善于夸夸其谈，他们带给人的高傲、夜郎自大的神态，其实是一种心灵空虚的表现，这样做的目的是满足其虚荣心。与这些人相处的方式非常简单。刚开始与他们交往似乎觉得他们学富五车，天南地北无所不知，好一副傲然于世的样子，但只要对某些问题与之比较深入地探讨之后，他便会暴露出自己的弱点。一旦自己的弱点暴露，他的威风也就自然消失。而且，与这类人刚开始交往，可以用你肚子里面的知识将其“震”住，如果能做到这一点，往后的交往便会一帆风顺了。

我们所处的社会是个大戏台，每个人所扮演的角色都不尽相同，复杂多变。你只有学会与不同性格的人交往，才能在这个社会上如鱼得水，立于不败之地。

懂得示弱，也是一种学问

示弱是一种高明的学问，可以减少甚至消除别人内心的不满或嫉妒。事业有所成就的人，包括生活中的幸运儿，很难不被别人嫉妒，在暂时还无法消除这种社会心理之前，用合适的示弱方式可以将其消极作用减小到最低。

锋芒毕露肯定会遭到别人的妒忌，最高明的方法就是把自己的锋芒藏起来，使别人一想到你就与某种特定的形象结合在一起，而忽视你的真实形象。因为人们往往会同情弱者，对比较完美的人和事总是心怀芥蒂。在适当的情况下暴露自己的小缺点，出点小错误，反而能够增强你的亲和力。

人天生就具有嫉妒的心理。对于处境比自己不好的人而言，示弱能平衡这类人的心理，而且对于人际交往通常具有有利的作用。在社交过程中，怎样来示弱是非常重要的。地位高的人在地位低的人面前，不妨说出自己的奋斗历程，以此来说明自己其实是个平凡的人。成功者在别人面前多展示自己失败的经历，以及现实生活的烦恼，给人一种“成功来之不易”“成功者并非一夜成名”的感觉。对眼下经济状况比自己差的人，可以适当倾诉自己的苦衷：比如身体不好、子女学业没有进步，以及工作中遇到的许多困难，让对方明白家家都有一本难念的经。某些有专长的人，最好表现出自己对其他领域一窍不通，坦白自己日常生活中如何闹过笑话等，至于那些完全因为侥幸而获得名利的人，更应该比较直接地承认自己是天上掉馅饼，偶尔的运气好。

示弱不仅仅是表现在嘴上，有时还可以体现在行动上。自己在事业上已经处于比较有利的地位，获得了比较大的成功，在面对一些比较小的利益时，即使完全有能力和别人竞争，也要尽量选择回避、退让。换句话说，平时应该少些计较，懂得谦让，因为你的成功已经让你成为某些人嫉妒的对象，不能再为一些微不足道的利益而惹火烧身，应当让出一部分名利来给那些暂时处于弱势中的人。

曾有一位记者去采访一位企业家，为的是获得有关他的一些丑闻资料。但是，还来不及访谈，这位企业家就对想采访他的记者说：“时间还来得及，我们可以坐下来慢慢聊。”记者对企业家这种非常坦然的态度大感意外。

一会儿，保姆将咖啡递上来，这位企业家端起咖啡小酌了一口，立即大声喊：“哦！好烫！”咖啡杯随之被扔在地上。等保姆整理好后，企业家又把香烟反着插入嘴中，从过滤嘴处点着。这时记者连忙阻止：“先生，你将香烟拿倒了。”企业家在听到这句话之后，连忙将香烟拿正，不料却将烟灰缸碰落在地。

在商场中居高临下的企业家出了一连串的洋相，使记者倍感意外，无形之中，原来的那种挑战情绪完全消除了，甚至对对方表现出一种同情。这就是企业家想要取得的效果。这全部过程，其实是企业家事先安排的。当人们发现成功的权威人物也有许多弱点时，过去对他持有的偏见就会消失，而且受同情心的驱使，还可能对对方产生某种程度的亲切感。

在和人交往的过程中，要想让别人对你放松警惕，进而对你产生亲切感，只要你能够巧妙地、不动声色地在他人面前暴露某些无关痛痒的缺点，出点小问题，表明自己并非一个高高在上、完美的人，这样就会使人在与你交往时比较轻松，不会对你抱持偏见。

对看不惯的人，更应该和谐相处

每个人都希望自己和别人的关系和谐、美好，然而，要实现这一愿望并非易事。生活中你常会发现，有些人之间闹别扭，既不是因为思想观点上有分歧，也不是由于他们道德品质方面的毛病，只是因为性格上有差异。有的人性情沉稳，做事忠实认真，对咋咋呼呼、毛毛躁躁的人可能看不惯；有的人果断泼辣，与优柔寡断、缠缠绵绵的人可能合不来。这种“看不惯”与“合不来”，虽说只是性情不合，但这个问题不能忽视。

我们常常看到：有的恋人性格不合，感到难以相处，感情上很痛苦，最终不得不分手；有的人因同事之间性格不同而搞不好团结，工作上不能合作；有的人做生意，因为没有耐心和一个慢性子的人协商，可能失去一笔好买卖。许多事实都说明，一个人能否和不同性格的人相处，不仅会影响他的生活，还会影响他的工作和事业。因此，学会和不同性格的人相处，对我们的工作、生活都具有重要的意义。

那么，怎样和不同性格的人相处呢?

1. 承认差别

人与人之间，不仅有体貌上的生理差别，而且有兴趣、能力、气质、性格等心理上的差异。性格是心理差异的核心特征，人与人的不同，首先表现在性格的不同，世界上找不到性格完全相同的两个人，正所谓“人心不同，各如其面”，这是不以人的意志为转移的客观现实。如果承认这一点，承认人与人的性格差异，就不会强求别人处处和自己一样，就可能消除由于性格差别而产生的“坏习惯”“合不来”，缓解矛盾，就会在不同性格的人之间，减少一些反感和厌烦情绪。

2. 求大同存小异

性格不同的人，处理问题的方式方法往往不同，因此，要和不同性格的人相处，就要善于在不同之中发现共同之处。比如你是个性平和、处事慎重的人，你给某人提意见，可能语气委婉圆滑，丝毫没有强烈、尖刻味儿。而你身旁有一个性格刚直而暴躁的同志，他给这个人提意见，可能语气尖锐、单刀直入，同时还可能批评你给别人提意见拐弯抹角，怕得罪人。这时候，如果只看到那个直率的同志提出批评的态度和方式跟你不一样，觉得他太粗暴，不讲情面，你就会与他格格不入，合不来。

反之，如果除了看到你们两人提意见的方式不同以外，还看到他和你一样，也是出于一片好心，目的都是真心帮助同志，你就不会认为他粗鲁无情，而觉得他有难得的直率和热心肠，也就不会计较他对你的批评。我们要是多看别人和自己的共同点，就容易和不同性格的人相处了。

3. 多了解别人

心理学研究表明，一个人的性格是在环境、教育、实践等条件影响下形成的。人的性格之所以不同，正是由于人们所处的环境、所受的教育和所经历的实践不同而造成的。那么，当你与一个性格不同的人打交道时，或者与一个性格很特殊的人相处时，你就应该了解一下他的性格形成的原因。如果你是一个性格开朗、活泼乐观的人，遇到的是一位沉默、呆板、孤僻的人，应该多和他交谈，或者侧面调查一下，你可能会了解到他个人生活经受了许多坎坷和磨难，甚至曾经受过严重的精神打击，或许你就会更多地理解他、体谅他、同情他，从而乐意帮助他。而他可能会十分感激你，愿意与你交往，成为朋友。

第二章

与人相处，别以自我为中心

与人在交往的时候一定要真诚，秉着应有的良知待人。俗话说：爱人者，人恒爱之；敬人者，人恒敬之。所谓相处之道不外乎于以心换心，想要找到一个能全心会意为你付出的朋友，得到真诚的友情与感情，自己也必须做好随时付出的准备，鼓励他人也是鼓励自己的最好方法。

换位思考，多替他人想想

如果你希望有人被你感动或有好人缘，就一定要清楚他们有哪些需要。你一定要记住，想让一个人做好一件事情，必须是他自己自愿去做的。如何才能让他自愿去做？最有效的办法就是能满足他的需要，同时还要记住每个人的需求都是不一样的。

在现实生活中，你所遇到的每一个人都是独立的个体，他们都会有属于自己的一些特殊习惯。此时，你一定要想办法了解到对方的真正需求，尤其是在你的计划中占有一席之地的人。然后再去迎合他的需要，事情就变得容易多了。因此，如果想要实现自己的计划，就一要想办法让你的计划与别人的需要相吻合。

有一位画家想办一个少儿绘画班，为期一个月，他租用了一栋写字楼的商务厅作为他的讲课场所。但是，当他即将要开班的时候，突然接到写字楼物业的通知，告诉他商务厅的租金要涨两倍。在他知道这个消息时，他开课的宣传资料都已印好，而且都发出去了，上面还印上了具体开课的时间和地点。

当然，这位画家不愿意支付这笔额外的费用，但他又来不及另找一个地方，于是他只好去找负责写字楼租赁的负责人，直截了当地说："我在接到你们通知的时候，其实很惊讶，但我不会责备你们，因为如果我是你，也许也会这么做，你身为这栋写字楼的租赁负责人，一定要想尽办法使大楼挣得更多的租金，如果你不能做到，有可能会失去这份工作，而且是显而易见的，那么我们现在来具体分析一下这样做究竟会不会增加你们的收入。"

那位负责人点了下头，让他继续说。那位画家说道："你会因为出租商务厅给我而获取一定的收益，并且是一笔不小的收益，因为来我这上课的孩子们的父母都是有一定经济水平的，我的学费并不低，所以你们也许会在他们的父母中发展一个或几个客户，这会比你们现在加倍的租金要多得多。其实，你涨价的部分根本就不能算作你的收益，因为我可以不按照你报的价格支付，而去寻找一个更适合的场所。与此同时你还会有一项损失，那就是那些来学绘画的孩子的父母会留意到这栋写字楼，这也是一个非常好的广告机会。你们就算花几千元在报纸上刊登广告，也不一定会有我在你们这儿开培训班这样吸引潜在客户的效果，这是非常有价值的，您说呢？"

最后画家还说："希望你能仔细考虑一下我所提的建议，然后再给我最后的答复。"第二天，这位画家就收到了写字楼的回应，告诉他商务厅的租金不涨了。

有点无法想象，这位画家就这样说服了大楼的负责人，当然，他在说服别人的时候是采取了一些技巧的。你要是仔细听就会发现，这位画家在讲话时很少从"我"的角度去考虑问题，并不是直接地反对别人的意见，而是一直在替别人考虑，好像他是站在那位负责人的立场去考虑问题，这就是一个说话的技巧。只说"你们"会得到什么失去什么，让对方感到你是认真地替他们考虑，而不是考虑自己的利益，一个这么能为他人考虑的人，一定容易让对方接受。

一般没有谁喜欢别人把意见强加在自己身上，他们都希望能自己做主，所以，有时候很难接受别人的意见。如果对方不愿认同你的说法，那么就试着用间接的说法去迎合他，给他一个台阶，保留面子，这样，他一定会感谢你的。

你如果想通过沟通实现自己的目标与计划，就要学会从对方的立场考虑问题。换位思考，体现的是一种人性化的技巧，这不仅是尊重他人同样也是尊重自己。当对方觉得你是在为他考虑，而不是只为自己时，就比较容易接受你的观点。

不要触碰朋友的雷区

人与人之间相处并不是密度越高越好，都说“距离产生美”，无须要求朋友时时刻刻都把他展示在你面前，要学会给双方一定的空间。很多人与朋友相处的时候都有一种误解，他们觉得是好朋友就不需要客气。好朋友都很了解对方、信任对方、关系亲密、情同手足、不分你我、有福同享，这样的朋友还那么客套就太见外了。

真正的交友态度应该是理智的、有底线的，朋友之间也要顾忌一下对方的感受。就像一个人如果待在安全的地方，那么他肯定是放松的，交朋友的时候应该意识到，只有互相尊重，友谊才能得以延续，不能有半点强迫、过多干涉和控制对方的想法。不管对多么亲密、多么熟悉的朋友，也要注意分寸，不能太不讲客套，如果将这份默契与平衡打破，将很难再维持友好的关系。所以，即使是好朋友，该讲客气的时候还是要客气，可以不理会自己的面子，但要给朋友留面子。

所以朋友之间相处要注意分寸，给彼此留有一定的空间。不要对朋友无礼，说不定你某个无意识的表现却伤朋友很深，所以有些行为我们一定不能做：

1. 表现夸张，口无遮拦，无视朋友的自尊

或许你和朋友十分要好，无话不谈。你是一个优秀的人，不管是学识、相貌还是家庭等无不令人艳羡，比起你的朋友条件要优越得多，于是不管在什么场合，尤其有朋友在时，便会口无遮拦，表现夸张，无时无刻不在彰显着你的优越感，这样会给朋友造成很大的压力，有种在你面前低人一等的感觉，朋友的自尊心严重受到伤害，不由得想远离你的圈子。因此，与朋友交往的时候，要注意自己的

言辞，保持理智、谦虚的态度，时刻替朋友考虑一下，把自己与朋友放在同一个水平位置。

2. 触碰到朋友的雷区，让朋友心生防范之心

有的人觉得既然是朋友，很多事情、物品都不需要分彼此，对于朋友的东西，从来不问就擅自做主拿来用，而且也不爱惜，有时候拿了之后一直不予归还或很长时日之后才还。偶尔一两次朋友不好意思直接指出，但如果你一直这样便会让朋友对你产生防范心理，因为你这种举动太过于放肆。其实，朋友之间的友情并不是说你可以如此随意，就实物来说，你和朋友之间可以随时借用对方的物品，这自然是比一般人的关系要好，但对待朋友之物一定要有这样一个观点："这是好朋友的东西，一定好好爱惜"，还有"亲兄弟，明算账"，要注意礼尚往来，不要贪图一点小便宜，还要把朋友之物看得像自己的宝贝一样重要。

3. 出口庸俗，装腔作势

与朋友相处，行为举止、言谈方面都应该直爽、大方、不装腔作势，以真实一面与朋友交往。如果行为散漫，不懂自制，放浪形骸，便会给人一种粗鲁庸俗的感觉。也许你在外人面前懂得约束自己，但与相熟的人在一起就有点得意忘形。或评头品足，或信口开河、夸夸其谈，更有甚者在朋友交谈时随意打断，批评嘲笑，或左顾右盼，漫不经心，或许这正是你的真性情，但朋友会觉得你这样不成体统，没有素质，没有修养，对你产生一种厌恶嫌弃的感觉，彻底颠覆了以前对你的印象。因此，就算在很亲密的朋友面前，你可以自然但不能不自重，可以热烈但不能失态，要做到悠然自若，气定神闲。

4. 没有诚信，经常失信于朋友

一个没有诚信的人是不会有朋友的。有的人从来不注重与朋友的约定，对朋友相约的活动总要一催再催，对朋友的请求答应得爽快，但事后又总喜欢反悔。也许你真的有什么原因不能准时出席或没帮朋友解决问题，或许你事后有解释两句，不过是随口提了一下，你觉得朋友之间无须这么介怀，一件小事而已。你可

能想不到朋友会因你的突然缺席为你担心，虽然他们不会直接责怪你，但肯定会认为你在玩弄朋友，没有诚信，不是一个值得交往的人。因此，当朋友与你有约或请你办事时，一定要谨慎，信守承诺，千万不能言而无信。

别让朋友反感自己

再亲密的朋友也会有一些事情不能做，什么样的行为会引起朋友的反感呢?

1. 喜欢为难朋友

当你遇到麻烦时，肯定会事先想到朋友，但你不提前打个招呼，突然上门请朋友帮忙，或不管朋友愿不愿意，就硬拉朋友陪你一起参加某个聚会，其实朋友正因为你的这些举动而为难。说不定他自己已有安排，而你突然的请求，他如果答应自己的安排就得延期，如果不答应又抹不开面子。也许他嘴上爽快地答应了你，但心中却十分不爽，认为你太无理取闹，蛮不讲理。因此，你如果需要朋友帮什么忙，最好先询问一下，和朋友好好商量，尽量不要选择朋友在忙的时候说，还要记住，要朋友自愿答应，不要强人所难。

2. 没有眼力，反应迟钝

你在无事的时候上朋友家溜达，但朋友正好有事，比如说在工作、家里有其他客人、和恋人约会、准备出门等，你可能会自认为与朋友很熟，便不管什么情况什么场合，也不看朋友的脸色，一直坐那天南海北地侃，以主人自居，也不管别人是什么表情，是否想听你在那大放厥词。朋友肯定不会愿意与这样的你继续交往下去，没有眼力，不考虑别人。以后他一定会想办法时刻避开你，不希望你打扰他正常的生活。因此，如遇到像上述那样的场景，你必须迅速反应，寒暄两句就可先离去，珍惜朋友也要珍惜朋友的独立空间。

3. 尖酸刻薄，拿别人的痛苦来娱乐自己

人人都会爱慕虚荣，如果你在众人面前，为了向他人展示自己的口才，或显示你的幽默，或想让别人看到你与朋友的深厚友谊，尖酸刻薄，嘲笑他人，拿别人的痛苦来娱乐自己，其实这样必定影响大家的感情，使朋友觉得有损自尊，觉得你没有人情味，后悔与你做朋友。你或许还不当回事，认为一个玩笑而已，不必当真，但你知不知道你已伤了朋友的心。因此，朋友之间相处，不管什么时候都应该互相尊重，不要乱开玩笑，恶语相向。

4. 一毛不拔，斤斤计较

也许你与朋友来往时，会认为友情高于一切，不必计较金钱的得失，金钱并不能加深你与朋友的友情。正因为你有这种想法，所以你与朋友相处时显得过分小气，一毛不拔；或斤斤计较，生怕吃亏。坦然接受朋友的馈赠，自己却从不在朋友身上花费一分钱，朋友便会觉得你是一个贪便宜的人，是个小气之人。所以与朋友相处，不要过于吝啬，应该有来有往，慷慨大方自会使你的友情更牢固。

5. 喜欢结交狐朋狗友，行为不稳重

交朋友要有一个正确的心态，不要为了攀比而去结交朋友。有的人以为一个人朋友很多，就表示他很有本事，很有人缘，只求数量不求质量，什么人都去结交。其实这个时候，你的朋友已经等着看你的笑话了，认为你对朋友并不真心，喜欢结交一些狐朋狗友，导致你失去了与你真心相待的朋友。因此，结交朋友应该以诚相待，要学会选择，酒肉朋友不是真正的朋友。

每个人都希望能拥有自己的私密空间，交友如果太随便，就很容易误入禁区，而引起与朋友的矛盾。和朋友相处物质上要分清，不能随便乱用朋友的钱或物品，这些都是不尊重朋友的表现，还有不要侵犯朋友隐私、不要过多干涉朋友。一两次的疏忽，朋友也许会理解，不会跟你计较，但时间长了，一定会心生嫌隙，导致朋友逐渐疏远你，友谊也会随着时间慢慢地淡化甚至恶化。所以，不管多好的朋友，相处时也要注意分寸，严守交友之道。

做一个有人情味的人

人情效应，是大多数人在为人处世中的一种方法，也是一种普遍的社会心理现象。

“有事的时候想到朋友，没事的时候则没有朋友”是很多人的一种处世态度，他们只把朋友当成救命用的稻草，不需要的时候随手就扔掉。这种人只会用“相互利用，相互抛弃，彼此心领神会”来推脱，从来不去探究人情世故有何奥秘，自然达不到在人情社会依然能游刃有余的境界。这一类人基本上不会有人想搭理他们，也不会有人愿意给他们帮忙。

只有本身有人情味的人，才会理解“人情效应”这个为人处世的社会心理现象。比如，在帮助他人时不要太“高调”，为他人留下自尊；也不要给予太多的帮助，会给对方造成过多的心理负担，这样双方便无法再继续维持平等的关系。

周恩来总理在处理人际关系的时候就非常有人情味。在长征的时候，周恩来病重，当时在民运部任部长兼政委的杨立三一直坚持亲自抬着周恩来，一路上饥寒交迫，但他一直撑着把周恩来抬出了沼泽泥潭，但一出草地他就病倒了。过了19年，杨立三逝世，这时候周恩来已经是政务院的总理了，但他却坚持要亲自抬着杨立三的棺木给他送葬。

还有一件事发生在1937年6月，周恩来被困在峡山，他身边负责保护他的十几名警卫战士几乎都光荣牺牲了。后来，周恩来与另外三名幸免于难的战士拍了合照以纪念此次事件，照片的背后周恩来写着“峡山遇险，仅余四人”。他一直将这张照片贴身珍藏着，一直到病逝的时候别人才发现这张照片。

俗话说“滴水之恩，当涌泉相报”。周恩来就是一个重情义的人。所以周恩来逝世的时候，在他的遗体告别仪式上，群众围绕着周恩来的遗体，流的泪水把地毯都浸湿了。这也就是为什么那么多群众都会自动自发地去送总理最后一程。十里长街送总理，多么感人的一幕。

要怎么做才是有人情味呢?

1. 有难同当、有福同享

当人们处于同一个工作环境，为了共同的事业、共同的目标，大家一起努力，为实现自己的梦想把彼此联结在一起，只要能够互相合作、互相扶持、互帮互助、彼此关照，是最容易在感情上认同对方的。尤其是在艰苦的环境中，大家相互依靠、渡过难关，这份深厚的情分，可能永生难忘，更加固了彼此的友情。比如，多年前知青下放农村再锻炼的时候，一群人同吃一锅菜、同睡一个炕，不管谁被人欺负了，大家会一起为他出头，像这样彼此交心的相处，一定有着深厚的感情存在心中，牢记在各自脑海里，天南海北，时过境迁，相信谁都不会忘却这段时间的深厚友谊。

长时间在一起工作自然可以加深双方的友情，就算相处时间不长，只要为了共同的目标团结一致，共同努力，相互帮助，肯定能得到对方的好感，一样能萌生出友情。

有两个原不相识的人应聘到同一家公司上班，一个在策划部，一个在质检部，平时来往很少。有一次公司组织员工参加野外拓展训练，他俩恰巧被分到了一个组。拓展训练的主要目的就是为了培养大家的团队意识，每天都有几个任务，大家要相互协作才能完成。每一次，他们都能互相帮助，彼此信任，同心协力，克服各种困难完成任务。很快，最后一个任务的完成意味着这一次的训练圆满结束，这两个人也在这两天内结下了深厚的友谊。后来，有一位离开了当时的公司，去了外地。几年后，那位远在外地的同事还特意回来看望了自己的朋友。两人一起回忆着以前工作的日子，那次拓展训练的欢乐时光，依然是那么的快乐。你看，两天内建立起来的友谊，可以延续一辈子。

2. 共同的爱好是交往的契机

都说知音难寻，不然也不会有伯牙绝弦的故事。有了共同的兴趣爱好，就有共同的话题，增加了彼此联系。比如，都爱踢足球，在球场相识，相互成为球友；都喜欢看书，在书店相遇，成了书友……因为共同的爱好把彼此联系在一起，在切磋技艺的过程中，便滋生了友谊。

某小区的外面有一条清幽的小路，很多人早晨到这里锻炼身体。小李和小姜都有晨跑的习惯，每次跑步时都在这里遇到，然后一起跑步，偶尔停下来聊聊天，从最开始的寒暄到相互了解后的深谈。原来两个人有许多共同的爱好，都喜欢摄影和旅游，所以交流了很多自己的体会与看法，虽然彼此没有物质上的往来，只是一种思想与精神的交流，却让两人都觉得遇到了知音，通过简单的交谈都能感觉受益匪浅。久而久之，共同的话题越来越多，每天早上跑步、聊天都已成了习惯，不管冷还是热，都会准时到那里会合。后来，小李到北京去发展去了，还经常给小姜打电话聊一下近况，两人一直都保持着联系。

3. 一锤子买卖做不得

许多人在找朋友帮忙办事时，都存有一个心态，如果对方帮自己办成了，感谢对方是理所当然的，但是如果没办成，那也就不需要感谢对方了，可能还会在心里埋怨对方。其实，我们不应该抱着这样的心态去求人。即使对方没有替你办好事，或许是因为一些客观存在的因素导致的，但他为了帮到你可能已经使出了全力。

找朋友帮助，不管有没有帮你把事情办好，你都应该感谢为你竭尽全力的人。在为人处事中，不要把求人办事当成“一锤子”买卖，这一次可能因为一些不可抗力的原因没把事情办好，说不定下次你还有事情需要帮忙的时候他就能做好。如果你认为既然都没把事情办好，也就用不着感谢了。好像搞砸了你的事，还要反过来对你感到抱歉，哪值得去感谢，如果这样，对方就会觉得你没有人情味，以后就算能帮上可能也不会再帮你了。

4. 建立友谊，首先要相互尊重

我们不可能在世间找到完全相同的两片树叶，所以也不可能找到一模一样的两个人，就算是双胞胎、连体人，他们的性格也不一样，都有各自的特点。

我们在形容朋友之间关系好时都喜欢用“亲密无间”这个词，正因为关系密切，经常会忘记换位思考，站在朋友的角度考虑问题。每个人的性格都不一样，而且经历过的事情、对人生的体验都会有所不同，即使是同一件事、同一物品，不一样的人感受也会不一样。

朋友交往时间长了，关系会越来越亲密，有的人就经常会认为是朋友就不必见外，不须分彼此，很多时候，把自己的想法硬套在朋友身上，或者理所当然就认为朋友应该与自己的想法是一致的，而忽略了朋友与自己其实是两个不同的个体。

小丽和枫枫是好朋友，小丽吃东西喜欢吃辣味的，但是枫枫却不能沾辣。小丽每次和枫枫到外面去吃饭都全部点辣菜，还跟枫枫说菜一定要辣才好吃，而且有很多好处，要枫枫改变口味，学会吃辣。枫枫为了迎合小丽便试着吃辣椒，但每次吃了之后不是闹肚子就是长了满脸的疙瘩。后来枫枫越来越不愿意和小丽一起吃饭了，甚至有点害怕小丽叫她一起去吃饭。其实，枫枫更不想的是为了别人去改变自己，所以与小丽越来越疏远了。

要维持朋友双方的友谊，就一定要尊重朋友，首先要知道朋友与自己是不一样的，并且要正确对待这些不同的地方。如果是生活中的一些小事，我们倒是很容易做到，张三喜欢打乒乓球，李四喜欢踢足球，张三不会试图让李四和自己去打乒乓球。但如果对朋友来说很重要的事情，或许你是出于好意，没想到却让朋友非常不满，这就是吃力不讨好了。

小段和二米是大学同学，并且住一间宿舍，两个人是非常要好的朋友。小段性格稳重，做事细心；而二米一直就是个糊涂鬼，并且没记性，不是上课忘带书，就是忘记收衣服。有一次二米把缝衣服的针掉在床上忘记找了，不小心被扎了一下。小段非常关心二米，不厌其烦地跟她说，一定得改掉这粗心的毛病，不然以后进入社会，在工作上惹出麻烦就更糟了。

其实大家都知道，小段是一片好心，就因为是好朋友才想帮朋友改掉缺点。小段告诉二米东西要摆放整齐，做事要有条不紊，等等，给二米定了很多规矩。刚开始时，二米挺积极的，但还是很难纠正那没记性的毛病。小段不厌其烦地提醒她，当二米做错的时候也毫不客气地指出来，希望她下次能记住。时间一长，小段没烦，二米却烦了。谁喜欢被调教成另一个人呢？小段希望二米能像自己一样，做事认真、仔细、有条理。但二米就是二米，不是小段，她有自己的处世方式，不可能变成小段那样的性格。二米粗心、没记性，并不会妨碍两个人的友谊，反而小段的一片好心惹得二米心里不痛快。

如果一个人总想让朋友变得像自己一样，那么这个朋友肯定会被你吓跑，最后就很难拥有自己的朋友。朋友之间肯定会有一些相同的地方，比如说一样的兴趣、爱好，一样的工作目标、共同的愿望，等等，都会使两个人成为好朋友。但要记住每一个人都是具有个性的独立个体，不要妄图去改变他，因为这样只会让朋友离你越来越远。

不要显摆你的小聪明

什么是大智若愚，相信这个成语大家经常见到，其实很简单，就是不要在别人面前显摆你的智慧，也就是我们常说的“藏拙”。其实这是一种隐藏自己、积累力量、韬光养晦、厚积薄发的有效的策略，尤其在与敌人斗争时非常有用。邓小平在抗日战争时期就曾经做过这样的指示：“要使敌人看不起我们，要善于采取一切手段麻痹敌人。”这种策略不仅可以用在战火硝烟的战场，在今天这个充满竞争的社会，依然管用。

不要在别人面前表现得你更有智慧，这种方法还能用来维持或改善你与别人的关系，尤其是在你发现了别人犯的错误但又必须要指出时，这个方法就显得更加有效。因为不管你用什么方式去纠正别人的错误：一个轻蔑的眼神、一种嫌弃的腔调或一个厌烦的手势，都有可能会造成一种尴尬的局面。因为这就像你在传递着这样一个讯息：“我一定能改变你的观点，我比你更聪明。”直接否定了对方的才智与判断力，完全不顾朋友的自尊，也深深地伤害了朋友之间的友情。这样做的话不仅改变不了对方的看法，还会惹得对方对你展开反击，这个时候，不管再用多么权威的理论和客观事实都没有用了，何苦要为自己增加烦恼呢?

所以，如果想要告诉别人出错了，千万不能直接跟别人说是因为你比他更聪明，所以看出来了。比如，你可以在不经意间或者先假设是你自己错了这类的方式来提醒别人，提醒他不知道的事情是不是他自己忘记了，或者提醒他做错的事情是不是他没有讲清楚。这么做要比你直接指出效果要好得多，不管什么时间什么地点，都不要直接说他不对。

还有一些话永远都不要说，比如，“等着吧！你会知道到底谁是对的”。这也就是在说：我一定会让你改变观点，事实上我就是比你聪明。其实这是一种露骨的挑战，你还没有开始证明你的观点，他就做好准备反驳你了。何苦要为难自己呢?

有一位年轻的律师最近在打一个经济官司，这个案子牵涉到一大笔金额还有一些非常重要的法律条款。在法庭上，那位法官问年轻的律师：“经济案件的追诉期限是 4 年，对吗?”律师愣了一下，然后直率地说：“不，只有 2 年。”当时，法庭内立刻安静下来。虽然年轻的律师没有说错，而是法官错了；但这么直截了当地指了出来让法官脸色很难看，虽然法律条款他没说错，但却因为不懂人情世故犯了大错，当着众人的面给那位德高望众的法官难堪。

这位年轻律师确实做错了，为什么不能更委婉一点地提醒别人哪里错了呢?为什么要在别人面前显露出你的才智呢?

人是有理性的动物，这是人类与动物之间最大的区别，但人并不是只有理性。实际生活中，人类受感性思维的影响要大得多。“良药苦口，忠言逆耳”“害人之心不可有，防人之心不可无”等这些自古流传下来格言警语，就是告诉我们一定要保持清醒的头脑，理智地分析问题，忠言都是逆耳的。可尽管如此，大部分人还是喜欢别人对自己恭维，就算是出自善意的批评与责备，也会让人们心里觉得反感与抵触。这些反应，都是人的心理本能，不完全是一时的冲动。即使心里明白朋友给出的建议或批评是中肯而且善意的，但亲耳听到别人直接指出自己的缺点或错误，还是会觉得有点不舒服。

想事情要学会变通，不要钻牛角尖。帮别人纠正错误有很多方法，其实那些不聪明的人才喜欢说别人笨。我们必须记住：大多数人只有在没有人当面指责自己的时候，才会记得“忠言逆耳利于行”，任何人都不喜欢被人责怪，总是喜欢指责别人也是一种不好的习惯。

太过耿直，只会把关系搞砸

在进行交际活动时，通常要讲究一些策略，不要把彼此的关系搞砸了。很多朋友反目成仇，就是因为彼此都太固执。如果人人都固执己见，事情只有越搞越糟，到后来，双方形成了成见，势如水火，把原来并不复杂的问题变得越来越复杂了。

这一点在中国的明代有过教训。

明朝的官场中有一种很不好的风气，那就是拉帮结派，互相攻击。很多人都敢对皇帝慷慨陈词，严厉批评。这些大臣不管说得对不对，态度怎么样，都会赚个好名声。所以，万历帝朱翊钧说他们“疑君卖直”，也不是毫无根据的。进一步说，即他们完全忽略了在处理上下级关系时，必须研究和考虑的问题。

正是由于上下级的关系处理得不好，所以相互间的隔阂也就日益加深，这可以说是明朝后来政治腐败的一个主要原因。清朝建立之初，对此就十分注意，作为一条教训来吸取。

事实上，领导是具有权威的统帅，要向他进谏就必须掌握一定的技巧与分寸，而不能一味地认死理儿，否则不但事情办不了，往往还有引火上身的可能。

唐太宗李世民可算是中国历史上很英明、很能采纳臣下意见的皇帝了，但就是对他提意见的时候，恐怕也要讲究一些方式方法，而不能过于认死理儿。

有一次李世民想修洛阳宫，大臣皇甫德参上疏谏止，里面有“陛下修洛阳宫，是劳人也；收地租。是厚敛也；俗尚高髻，是宫中所化也”这样的话，李世民看了觉得过分，十分生气地对大臣们说：“你们看看，这个人是想让国家一个租子也不收，一个人也不服役，宫女们都不长头发，他才称心如意啊！”

魏征在旁边听了之后，立刻进谏说：“事情不是这样的。当初汉朝的贾谊向汉文帝上疏时说过当时国家‘可为痛哭者三，可为长叹者五’这样过激的话，可是汉文帝没有责怪他，因为自古上疏参事，差不多总要写得激进夸张一些，不这样，就不能把事情的重要性表达出来。不过，写尽管这样写，决定还在英明的君主，这就是人们常说的‘狂夫之言，圣人择焉’这句话的真实含义。所以，皇甫德参的意见是否正确，还望您判断裁定，不要轻易地就处罚他，如果轻易处罚，以后就没有人敢提意见了。”李世民听了这话觉得既受用，又有充分道理，不但没有处罚皇甫德参，还赏赐给他二十匹绢。

由此可见，采取不卑不亢，既有礼貌，又能说清道理的态度，在处理人际关系方面，是多么的重要。当然，尊敬并不等于阿谀，阿谀是不讲原则，不看事实，只顾溜须拍马；而尊敬则主要是指态度上要有礼貌，言辞上要有节制，但必要的原则和道理则还要坚持。

小心朋友突然的热情

“君子之交淡如水，小人之交甘若醴；君子淡以亲，小人甘以绝”，当朋友突然之间对你非常热情的时候，一定要冷静对待，保持距离，才不会轻易受伤。

如果你和某人只是点头之交，谈不上更深的友情；如果你和某人曾是非常非常要好的死党，但很长时间都没有联系过，就慢慢淡了那份情谊了。可就是这样的人，在某一天突然对你热络起来，你一定会觉得纳闷，除此之外还应该有所警惕，因为朋友突然有这样的表现可能是对你有什么企图。之所以没有直接下定论，而是用了“可能”，就是希望能以一种客观的态度来评判这样的行为，以免让别人觉得你是小人之心，曲解了对方的一番好意。因为人其实都是感性的，确确实实也有可能突然之间对你产生好感，或者是因为你的谈吐或者是因为你的某些举动，等等，就像相爱的男女当初一见钟情那样。不过这种情况并不多见，你尽量不要抱有这种幻想，即使某天遇到朋友突如其来的热度，也一定要记住冷静对待、保持距离，不要让自己轻易受到伤害。

如果要弄清楚朋友对自己的热情有没有其他的企图并不难，首先分析一下自己的现状，是不是有什么朋友需要的资源，比如有权或有势？如果有，那么这个人突如其来的热情则很有可能是对你有所图，希望从你那捞到一些好处；如果你没有权势，但很有钱，那么你的朋友很有可能是想向你借钱，甚至想骗你的钱；如果你既没权势又没钱，别人从你这根本就捞不到什么好处，那么也许这突然的热情不会对你造成什么危害，但还是要小心，因为他有可能不是想从你手上谋得什么，而只是想利用你替他去做一些违法的事，比如有的人就被骗去做传销，或者他的目标是你的某位亲戚或朋友，你不过是他的垫脚石。

把所有的情况都分析一遍，确定朋友突然的热情对自己没有“危害”之后，无论结果如何，仍然要保持冷静，对这样的人要有所保留，因为一切都只是你自己的主观论断，并不表示你想的都是对的，所以你还要做到以下几点，才能应付好朋友突然给你的热情：

1. 不卑不亢，应对自如

“不卑不亢”是说在朋友对你抛出橄榄枝的时候，不要显得满不在乎，但也不要激动得失去自我，要应对自如。就算你很清楚对方的企图，也不要用那种蔑视的态度显得满不在乎，让对方下不来台，这样很容易得罪人；但也不能显得过于激动，迫不及待地把自己送过去，因为这样你以后会显得很被动，想要抽身而出但不得其法，否则怎么样都是得罪朋友。

2. 冷眼旁观

“冷眼”是指不投入感情，因为一旦感情用事就很容易失去理智。这时应该保持冷静，看看他究竟想玩什么花招，并做好防备，以免突然发生什么事情而手足无措。通常，如果是对你有企图，不需要很长时间，他就会露出真面目，而不会浪费自己的时间跟你耗。

3. 投我以桃，报之以李

对待友情，你一定要抱有“他赠予你桃，而你则应以李子回赠”的心态，他送你礼物，你请他吃饭；他帮你解决了难题，你也要有所回报以示谢意，不然如果他真是企图从你那得到什么的话，你会因为受过他的恩惠而被他掌控。这时才想要摆脱，恐怕就不那么简单了。

俗话说，“害人之心不可有，防人之心不可无”。所以，当朋友突然对你变得热情的时候要小心。好的朋友是能交心的朋友，真正的朋友之间不需要靠金钱、美食来维持。为了同一个目标、同一份事业而努力奋斗的伙伴，彼此之间因为一个共同的信念，往往不需要过多的言语。

路遥知马力，日久见人心

一个人在他一生的成长过程中也许会认识许多朋友，他们有的或许会成为你的生死之交，有的可能来往一段时间就中断友谊。对于不能深交的朋友，我们虽然不必强迫自己与其交往，但也不必把自己的后路堵死，老死不相往来，我们可以将他们的信息通通存入朋友簿中，以便日后有用得着的时候。

日久见人心，时间长了就可以看清一切。用时间来沉淀友谊，才是真正的朋友之间的交往方式。所谓用“时间”来沉淀友谊，就是指认清一个朋友的真实面目需要长时间的考察，不可能在刚见面的时候就能断定一个人的善恶，因为太早下定论，会使你在以后的交往过程中受到主观意识的影响，从而影响到你们的友情。而且，在现在这个复杂的社会，很多人为了生存和自身的利益，都会以假面孔示人。在与你见面、交往的时候便换了一副脸孔，这其实是有意而为之，只有在面对你的时候他才会用这副面孔，而且正好是你喜欢的那张脸，所以我们会说现代人都是演川剧“变脸”的好手。如果你因为别人在你面前流露出来的假象而断定一个人的善恶，并以此来决定与之交往的程度，那就很有可能吃亏上当，在以后的日子中也将失去一些对你来说很重要的东西。

用“时间”来认清一个人的好坏，就是说你与对方第一次见面以后，不管双方是否能成为知心的朋友，都要为自己留出一些空间，先不根据自己的主观喜好进行判断，通过一段时间的冷静观察后再做出决定。

俗话说“纸包不住火”“人总有一天会露出狐狸尾巴”，一个人不管怎么伪装，总会露出他的破绽。因为一个谎话需要无数个谎话来圆，虚情假意是人刻意而为之，时间一长自己也会觉得疲倦，所以在不知不觉中就会想不起要继续以假面孔示人，就像演员，在工作、拍戏的时候是一副模样，但工作结束后就会换回自己本来的面目，没有了外界的压力，真实面目就流露出来了，但他们想不到的是你一直在旁边观察。与朋友相处的时间一长，就自然会看到他们与你交往的真实目的。不需要你动手去撕下他们的假面孔，他们自己就装不下去了，自动卸下伪装出现在你面前。有一句谚语“路遥知马力，日久见人心”，就是用来形容正确的交朋友之道，日子长了自然能看出人心的善恶。

死要面子活受罪

在这个复杂的社会、复杂的人际关系网中，什么是“面子”，不得而知。你尊敬我，我自然更加敬重你，面子就是人情。众人划桨开大船，众人拾柴火焰高，面子就是关系。中国人自古以来就好面子，很多人喜欢打肿脸充胖子，不管自己有没有能力，只要朋友开口，立马胸脯一拍，口出狂言，大包大揽。就算心里清楚自己没有这样的能力，但朋友一句“咱俩谁跟谁，这点事你也不帮，太不给面子了”，便热血澎湃，大有舍身成仁的架势。然后四处奔走，到处求人，办成以后便可以卸下这沉重的担子；但如果最后没办成，不仅会耽误朋友的事，还影响自己的名声。尽量不要接受无端的好意，否则“吃人家嘴软，拿人家手短”，这么一来，如果再想把手伸长，就一定要替朋友办事了。

生活在这个社会，就一定脱离不了形形色色的社交活动，这些活动一定会与人情相关，而我们一生中最偿还不了的债往往就是人情债。人生在世不可能没有人情往来，说不定什么时候就欠下了一份人情。所以有了人情债，就要留心给自己留有余地，不要让人情成为你生活中的负担。

不过朋友之间交往，偶尔提点礼物礼尚往来是正常的，和我们上面所说的不是一个范围。那些在交往的时候目的性明显的朋友，其实一眼就能够看得出来。现代人和古人不一样，现代人的生活节奏快了不止一点，请朋友办事的时候也更直接、更快速。如果一个与你来往并不密切的朋友突然有一天联系你，你一点也不用大惊小怪；或者与你来往密切的好友，突然某天带着贵重的礼品来拜访你，你也应该有所防范。

中国人凡事都讲究个面子，如果他送给你的礼品你不收，他会觉得你是不给他面子，看不起他，如果你让他把送来的礼品再带回去，他更会觉得颜面扫地。因此，必要的时候你可以暂时先把礼品收下，不要太直接地驳回别人的面子，但是以后必须找个时间把这个人情给还回去。你可以挑个时间去拜访他，带上差不多价值的东西，这样既不会伤了朋友之间的和气，也不会欠下朋友的人情。

当朋友需要你帮忙的时候一定会请你吃饭，他把礼品送上门，你没办法不给面子，但是要请人吃饭总得先打电话约时间，这样你便有时间去想一些可以推掉这场饭局的理由，一定要反应迅速，措辞委婉。多动脑，搞清楚对方是谁，分析好双方关系，考虑一下自己的交际范围，然后再决定是否该接受。就算不想欠下人情债，也要根据自己的能力做决定，千万不要打肿脸充胖子。不要为了面子让自己承受更多的压力，要知道死要面子活受罪，自己做事情应该量力而为，有多大能耐办多大事。

在三国时期，蒋干就是一个死要面子的人，而且他还非常地自以为是，认为自己的口才在当时是天下第一、无人能敌。他在曹操那主动请缨，去劝降周瑜，并且信心满满，一身便装，只带上一个小书童，划着小船就前往周瑜驻地。当然，周瑜也不是任人宰割的人，他在年轻时就能统领百万军队，不可能那么轻易就被昔日的同窗所动摇。蒋干到了周瑜的兵营后，还没说上三句半，不仅没能劝服周瑜，反而被周瑜耍得团团转，就连离开的时候也不磊落，盗了一封假的秘给了曹操信，致使曹操无故损失两名得力干将。

人贵有自知之明，就算是最铁最亲密的朋友找你帮忙，你也要视自己能力而行，千万不要死撑，说不定这样反而适得其反，把事情搞得更糟。如果没有能力做到，就要实实在在地告诉朋友，不用觉得不好意思。像蒋干这样就是太高估了自己的能力，不仅没办好事情，居然还被别人摆了一道。办不到就是办不到，朋友来找你帮忙，不正是因为他自己也解决不了吗，没必要因为你帮不了朋友而心有内疚，与其把这件事搞砸，还不如给朋友推荐一个有能力做到的人。

第三章

做事留分寸，切莫得理不饶人

我们做人做事，一定要掌握分寸。既要左右兼顾，照顾到周围的方方面面，又要前后考虑，能够预知到事情的前因后果。不要只是坚持一根筋精神，更不能钻牛角尖。

至刚易折，不要把事情做绝

有人做事直来直去，性格固执，不懂得变通，这样做事情迟早要吃亏。

这个世界一直在变化当中，人的思维应该经常有所变化，否则就会思想僵化，跟不上时代。一个聪明的人，在办事时要懂得随机应变，这是一种非常明智的做法。放弃毫无意义的倔强，这样才能将事情完成得更出色。

坚持自己的想法，虽然是一种良好的品质，也是令人称赞的事情，但在某些方面，过分的坚持，就会转变为一种盲目，那将会造成更大的浪费。该变通的时候，就一定要学会变通，不能钻牛角尖，除非你想和自己过不去。

中国有句古话，叫一朝天子一朝臣。在古代官场上，君主变了，作为臣子也应该随之而变。你不能只考虑拥护今日的权势者，还要注意明日的权势者。做人做官要讲究变通，不能将事情绝对化，更不能一条道走到黑。

商鞅是一位伟大的变法者，然而他是成也变法，败也变法。他在秦国刚开始施行变法的时候，为了能赢得百姓们的信任与支持，便在都城咸阳的南门立了一根三丈长的横木，并且说，谁如果能把这根旗杆搬到北门去，便赏金十两。做这么小的事情却能有这么大的回报，老百姓都觉得很不解，谁也不敢相信。商鞅见没有人行动，于是又让人宣布："谁能搬到北门，赏金五十。"这一下，秦国百姓沸腾了。重赏之下必有勇夫，一个汉子果然站了出来，把横木搬到了北门，商鞅立即发给他五十金，以此说明他说到做到。获得了百姓的信任之后，他便颁布了变法的命令。

商鞅的变法令颁布了一年多，触犯了很多秦国贵族的利益，反对者不计其数，连太子也不喜欢新政。商鞅认为：“变法的法令之所以在施行的过程中受到阻碍，是由于上层有人故意抵抗。”于是他便想方设法拿太子开刀，想将太子绳之于法。然而太子是国君的接班人，是不能被处罚的，结果商鞅便将太子的老师公子虔和公孙贾当替罪羊，一个被割掉了鼻子，一个脸上被刺了字。由于当时商鞅得到了秦孝公的宠爱，权力和威望极高，因此太子拿他也没有办法。

商鞅的变法取得了空前的成功，经过短短的十几年时间，秦国的综合实力得到极大的提升，军队的战斗力得到极大的增强，由一个西部的弹丸小国一跃而成为七雄之首。秦国最终能够统一，商鞅奠定的基础功不可没。

然而，正当商鞅的权势处在巅峰之时，秦孝公暴毙，太子继承王位，是为秦惠文王。他刚一继位，他的师傅——那个被割掉了鼻子的公子虔便出面揭发，说商鞅暗中谋反，惠文王下了拘捕令，商鞅狼狈不堪地逃离咸阳，当他来到潼关附近想要借宿的时候，旅店的主人也不清楚他就是商鞅，拒绝答应他，说道：“根据大王的法令，留宿没有证件的客人是要被关押的！”

这个时候商鞅才真是作茧自缚，他无路可走，被关押，处极刑于咸阳街头，家人也被株连灭族。

俗话说，人无远虑，必有近忧。考虑事情要全面，富有预见性。秦国的商鞅，作为一个革新者，在政治上是非常具有才华的，他的变法国策，被秦孝公以后的几代国君所沿续，秦国因此而强大。但他善于谋国却不懂得做人，大祸临头才明白，宠爱他的秦孝公不可能陪他走完一辈子，未来的天下最终还是太子的，这样的人是万万不能得罪的。

凡是深谙为官之道的人都明白，你不单单要拥护今日的权势者，还要注意明日的权势者，就像一个精于下棋的高手一样，当你下了第一步棋之后，就得考虑到第二步、第三步该如何走，走一看二眼观三，这样你才能在纷乱复杂的政治舞台上，始终处于一个无法撼动的位置。而商鞅却将自己的棋一步走绝，没有给自己留下可以周旋的余地。在改革大业上他是一个大政治家，但在做事太绝，难以善终。

一个人的成功离不开别人的帮助，想要在社会上左右逢源，就要广泛结交朋友,将他们作为自己的坚实后盾。如果只顾眼前利益,对别人的建议完全不顾的话，他日如果少了靠山，所谓墙倒众人推，必然会受到别人的打击，使自己身败名裂。

做人实际上是一个平衡的艺术，不可骄傲自大，恃才傲物。既要左右兼顾，照顾到周围的方方面面，又要前后考虑，能够预知到事情的前因后果。

对事讲原则，对人讲感情

在日常工作中，任何人都有可能会犯错，碰到这种情况时，最好的做法是对事不对人，就是对事讲原则，对人讲感情。如果遇事都按原则办，对人也不讲情面，自然会遭到对方的反感，难以达到解决问题的目的。

李彬是一家体育器材店的老板，也是一个极其坚持原则的人。如果有人不小心触犯了公司的管理制度，他会毫不犹豫地按章处罚。可是，他同时又是一个很通情理的老板，员工都很爱戴他。

老毛是公司的老员工，在李彬创业之初就一直追随他，为了公司的发展，他尽心尽力。可是，老毛有个很不好的习惯，就是抽烟。李彬多次让他不要在工作区域抽烟，可是他总是不听劝告，后来果然出了事。老毛把没有完全熄灭的烟头扔到了办公室的地上，结果没人发现，引起了一场小火灾。虽然因为及时发现损失不大，可是他依然触犯了公司的管理条例。

这是李彬不能容忍的。他按照公司的制度忍痛开除了老毛，可是他和老毛毕竟有过多年共患难的感情，他去看望了老毛，当看到老毛家里拮据的经济状况和两个嗷嗷待哺的孩子后，李彬平静地对他说："好好照顾家里吧，工作不用担心。"老毛激动地问："您是要让我回公司吗？"李彬摇摇头："公司的规定你是知道的，你是老员工了，应当带头遵守……"一个星期后，李彬就把老毛介绍到自己朋友的公司里做事了。

按原则办事与讲情面，本身就有不可调和的矛盾。关键就是看你是否处理得巧妙与恰当，既能坚持原则的严肃性，同时又顾及了别人的感情和面子，才是高明的解决办法。

俗话说“没有规矩，不成方圆”。工作中有哪些原则是必须遵守的呢?

1. 答应别人的事情一定要做到

“凡轻诺言者必寡信”，在和同事交往的过程中，如果常常无法履行对别人的承诺,时间久了就再也不会有人相信你说的话。既然承诺,就一定按照承诺去做。

2. 不揭别人之短

不要随便议论同事和上司的是非，你的无心之言有可能变成别人攻击你的把柄，也可能会影响团队的团结。

3. 工作不是负担

别把工作当成负担，否则你将一事无成。既然目标改变不了，也没有更好的选择，不如积极快乐地去面对。当你把工作当作生活和艺术时，你就会享受到工作的乐趣。

4. 充分利用时间，按时完成工作

对于上司交代的工作按时完成，不找借口拖拉。只有平庸的人才关心怎样耗费自己的时间，而成功的人是竭尽全力利用时间。按时按量的完成工作，既是对工作负责的态度，也锻炼了自己的能力。

5. 尊重你的竞争对手

要明白一个道理，竞争或许是终身的，可是竞争对手却有可能只是暂时的。今天的竞争对手，明天也许就是朋友。尊重竞争对手，给他以真诚的关注。

6. 不要自视清高

对自己要有一个正确的认识，不要目中无人，自视清高。虚心接受别人善意的批评，倾听是一种智慧，一种尊重，然后定期进行自我反省，做个自我修持的人。好的习惯可以为你带来好的前程。

谨慎做事，小不忍则乱大谋

如果希望在社会上能有一番大作为，希望与朋友保持良好的关系，就一定要保持清醒的头脑，不管做什么事情，都要控制住情绪，因为太冲动就容易做错事。什么是“忍”？忍就是谨慎，我们做任何事情都要谨慎，交朋友更要谨慎，小不忍则乱大谋。

有一则故事是说南朝的教育家沈麟士，在一次外出的时候，遇到一个路人说沈麟士穿的鞋子是他的。沈麟士就问了一句：“你说这是你的鞋？”然后就把鞋脱下来给了别人，自己则光着脚回家了。后来那个人找到了自己的鞋子，又去给沈麟士还鞋。沈麟士还是只问了一句：“这不是你的鞋子啊？”然后笑着把鞋子收下了。

沈麟士这种做法就显示了他的大度，他这种做人的方式为他赢得了很好的名声。可以看出他这就是忍，凡事退一步，便不会有争执。同样如此与朋友相处，朋友也一定会真心待你。

都说退一步海阔天空，忍一时风平浪静。要做到这种地步，确实不容易。退，并不是真正的退，而是改进攻为防守；忍，不是忍气吞声，而是韬光养晦，东山再起。如果这两点都可以做到，就一定能很好地掌握权衡之术，赚尽了地利人和，即使暂时没有机会也没有关系，古今中外能做到这点的人很少，一定要大智大勇之人才能有这样的体会。

“廉颇与蔺相如”的故事，就是最好的说明，大家都很清楚故事的内容。如果蔺相如因为廉颇的几句侮辱就大发脾气，互相攻击，一定要争个高下，那么肯定会两败俱伤，让秦国渔翁得利。正是因为忍了这口“气”，使得全国人民得到安宁、祥和，也正是这个“忍”，才使他俩成为“刎颈之交”。

所以说，退的背后其实是宽容，而忍的背后其实是大度。心境平静，百忍成金，自尊与自卑只有一步之遥，这一步正是你的内心。一般来说，只要是不触及原则性的问题都可以忍，比如个人利益得失等；而那些原则性的问题，一步都不能退让。所以，我们说，忍也是有底线、有限度的。对于不能忍的问题，也要冷静地处理，不是说不能有脾气，而是要掌握这种处世的策略。

做事之前，先要考虑后果

小何硕士毕业后就进了一家网络公司，凭着稳重扎实的工作作风和吃苦耐劳的精神，很快就在一批和他同时进入公司的新人中脱颖而出。两年来，小何从普通的程序员一路升到了制作部经理，后来，公司成立了新的分公司，小何就被调到了那里做经理。

和他同时进公司的还有小马，小马的工作能力一直不如小何，可是凭着他的巧舌如簧，哄得老板很开心，所以即使职位没有小何高，可是薪水却一直和小何不相上下。小何很郁闷。

今年年初，老板让小何和小马同时设计一款操作程序，小何花了很多工夫，熬了几个通宵，终于完成了。老板很满意，给小何和小马都加了佣金。可是小何很生气，明明都是他设计的，小马只是装模作样地搜集了一些根本没用的资料，凭什么他也能拿佣金？就凭他的嘴巴会说话？

回到家里，小何越想越气。想想小马谄媚的嘴脸，再想想自己怎么也涨不上去的薪水，他决定去找老板谈谈加薪水的事情。找老板之前他和朋友小胡商量了一下，小胡劝小何考虑清楚，并且一定要想好退路。小何觉得小胡的建议很有道理，于是就和几次想高薪“挖”他过去的某公司人事部经理通了电话。

结果不出小何的意料。老板听说小何想加薪，非常不情愿，说了一大堆理由。小何气不打一处来，就把对小马的不满一股脑全说出来了，并且言辞犀利地说老板待人不公平。老板一听也火冒三丈，直接告诉小何要留就留，不留就走，小何也气了，摔下事先准备好的辞职信就头也不回地走了。

回到家里，小何暗自庆幸自己已经在事前就考虑到了后果，如果他一时意气而又没有给自己留条后路，那就真的是“赔了夫人又折兵”了。所以，人在职场，做事前一定要考虑清楚后果，不要当“事后诸葛亮”。

可是，在处事的过程中，又应该保持怎样的心态呢？

1. 必须冷静下来

面对未知的事物，任何人都会害怕，可是这种消极情绪对事情的解决毫无用处，反而会增加难度。碰到这类事情的时候，一定要让自己先冷静下来，然后快速罗列出最坏的结果。

2. 事前考虑到最坏的结果

如果一件事情在做之前让你感到不安，多半因为你对这件事没有计划，会让你措手不及。当你对这件事胸有成竹的时候，你还会如此不安吗？做事前先考虑到最坏的结果，但不是要你带着悲观的情绪去处理事情，而是做最坏的打算，往最好的方向争取。

3. 决定做的事情就全力以赴

很多人会为了以前没有努力做一件事而感到后悔。你或许会为自己找借口，说，如果当时努力了，现在会如何如何。可是，那只是“如果”。如果尽力去做了，即使失败了，也可以告诉自己，从这件事我学会了什么，以后要注意什么。这本身就是一种胜利。

4. 给自己留条后路

当决定做一件事的时候，尽可能为自己多留几条后路，即使不是最好的结果，也可以退而求其次。最坏的结果你都可以接受了，还有什么可怕的呢？

适可而止，不要把事情做绝

著名的哲学家、教育家苏格拉底曾经说过：“一颗完全理智的心就像一把锋利的刀子，会割伤使用它的人。”它告诉我们，平时做事情的时候要有所保留，不要把事情做绝，容纳一些意外的情况发生。给自己留一条后路，也给别人一个回旋的余地。因为给别人留有余地，就是给自己留下余地。

馨子是个很才华的服装设计师，郭可是一家服装公司的老板，在一次业内聚会中，郭可认识了馨子。和馨子聊过后，郭可非常欣赏馨子对服装设计的独特理念，因此，他非常想把馨子纳入旗下。

郭可当即向馨子表达了自己的想法，可是却遭到了馨子的拒绝。郭可并不放弃，最终用诚意打动了馨子，成功说服馨子加入自己的公司。馨子的到来，使公司上下都很兴奋。

可是馨子到了公司没多久就出了一件大事。郭可让馨子负责给一个大客户设计婚纱，客户要求在婚纱胸口镶嵌一颗价值不菲的钻石。可是负责保管钻石的馨子却不慎将钻石遗失，客户大为震怒，为了安抚客户，郭可只好赔偿了钻石价格两倍多的钱给客户。

馨子以为郭可一定会责怪她，并且让她赔偿，可是郭可只是让她写了份情况说明书，并没有过多责备她，甚至没有让她赔偿一分钱。馨子很感动。年底，馨子设计了一系列的服装，并以新奇的创意、明艳的颜色广受市场好评，郭可的公司也赚了很多钱。

职场就是这样，你不让别人为难，也就是不让自己为难。工作中的很多事情你无法预料它的发展趋势，甚至不了解事情的前因后果，切记不可轻易下断言，否则会使自己一点回旋余地都没有。留有余地包含两方面的意思：

1. 首先是给别人留有余地

就是在任何情况下都不要把别人推向绝路，迫使别人为了自保做出更加极端的反抗，从而使事情更难解决。在职场竞争中，并不是每次都要把竞争对手置于死地，共同竞争、在竞争中共同发展才是职场竞争的根本目的。

2. 在给别人留有余地的时候，其实就是给自己留了余地

这样解决问题，让自己可进可退，以便日后能更灵活地处理工作事务，解决复杂多变的问题。这种做法名退实进，是一种成熟的处事方法。一条路本来就狭窄，如果两个人同时挤着前进，自然无处落脚，若是你肯退一步让他先行，也就是等于你有了两步的余地，可以轻松前进。

“利不可赚尽，福不可享尽，势不可用尽。”在这个充满风险，充满挑战的社会里，我们的生活、思维方式、职业都在发生着很大的变化，要想在这样的环境里生存下去，那么做事就必须要留有余地，这不仅是一种修养，亦是一种解脱自我的方式。

宽以待人，有理也要让三分

“若想在困难时得到帮助，就应在平时待人宽容。”接纳包容、笼络更多的人，在顺境中共同奋斗，在逆境中患难与共，从而为自己增加成功的能量，制造更多的成功机会。否则会令大家远离自己，在其成功的道路上，自己给自己增加了阻力。

人们往往将宽广的胸怀比作大海，因为大海能海纳百川，也从不惧怕暴雨和巨浪；也有人把耐性比作弹簧，因为弹簧具有能屈能伸的韧性。人们在一个单位或集体中学习工作，难免会产生一些意见或摩擦。然而，如果经常为一些微不足道的小事争得面红耳赤，谁都不肯让步，以致大动干戈，事后反省自己，当时如果能忍让三分，自会海阔天空，大事化小、小事化了。实际上，越是占理的人，如果表现得越忍让，就越能体现出他胸襟坦荡，富有涵养，反而更能得到他人的敬佩。

汉朝时有一个人名叫刘宽，为人忠厚仁慈。他在南阳任太守时，小吏、老百姓做了错事，为了警醒别人，他只是让衙役用蒲草鞭责打，使之不再犯第二次，此举为他赢得了民心。刘宽的夫人为了试探他是否像人们所说的那样仁义，便让用人在他和属下集体办公的时候捧出肉汤，装作不小心把肉汤洒在他的官服上。要是一般的人碰到这种情况，必定会把用人毒打一顿，至少也要训斥一番。但是刘宽不仅没有生气，反而问用人：“肉羹烫着你的手没有？”由此可见刘宽为人宽容之肚量确实超乎一般人。

这就是有理让三分的典型例子。刘宽的肚量可谓宽广，他因此赢得了人心。

每个人都有自尊心和好胜心，在生活中，对一些不是很重要的问题，我们应该主动体现出自己比他人更有容人之雅量。

古语有云，人非圣贤，孰能无过。每个人都难免会犯错，因此每个人都存在需要别人原谅的时候。

大部分人一旦深陷于争斗的旋涡，便鬼使神差地焦躁起来，有时为了争取自己的利益，或者是为了面子，也要喋喋不休，一争高下。而一旦自己得了“理”的话，便绝不留情，非逼得对方承认错误不可。但是这次“得理不饶人”尽管让你吹响胜利的号角，但也会成为你下次争斗的前奏。因为这对于“战败”的对方来说也是一种面子和利益之争，他当然要寻找机会报复。

碰到这样的事情，我们要学学刘宽，即便自己有理，也应礼让别人三分。其实，在给他人让出台阶的时候，也是为自己笼络了人情，为日后留下了一条后路。

宽以待人，要有主动礼让精神，对别人宽容。在和他人交往的过程中，常常会由于个性、脾气、爱好、要求的不一致，价值观念的偏差就会产生矛盾或冲突，这个时候我们应谨记一位哲人的话——“航行中有一条公认的规则，操纵灵敏的船应该给不太灵敏的船让道。我认为，这在人与人的关系中也是应遵循的一条规律。”

所以，做一个能理解、能宽容他人优点和缺点的人，这样才能受到他人的欢迎。相反，那些只知道抓着小辫子不放，又喋喋不休地批评说教的人，不可能会拥有亲密的朋友！人们对他只有表面上的恭敬！

推己及人，才能做到宽以待人，将心比心。要想拿自己的心去揣摩别人的心，做事替别人考虑，还可以用角色转换的方法，让自己站在对方的立场上，想一想对方可能有什么反应、感觉，从而不至于误解他人，并理解他人，明白了这点，当别人理短时就会宽容他人，他人才会在你理短时容让你，以此建立相互和谐的人际关系。

灵活变通，别让事情陷入僵局

人在职场，身不由己，难免起冲突，为人处事难免陷入僵局。无论是什么原因，这都不是一件令人开心的事情，所以，了解僵局产生的原因以及解决方法，是打破与同事、上司之间藩篱，使职场之途通畅的关键。

想一想，你是否觉得和一个关系疏离的同事一起吃饭很难受？和一个有很大“仇怨”的上司一起共事很郁闷？面试的时候、工作的时候、聚餐的时候……到底是哪些原因使你们产生了矛盾，因而陷入了僵局呢？

1. 职责分工不明带来矛盾

小松最近对小林很不满。小松是老板的私人司机，而小林是老板的秘书。小松一般会接老板上下班，其余的时间，只有老板打电话给他，他才要去接老板。可是最近小松发现老板经常下午下班都不需要他去接，小林都会送他回去。小松很郁闷，觉得小林抢了自己的工作，甚至担心自己因此会被老板辞退。

就像多周密的合同都会在最后执行中遇到问题，再明确的工作职责也不可能划分好工作的界限。可是一旦界限不明朗，就会有人容易“越界”，从而产生矛盾。

2. 为有限的公司资源而竞争

公司里的各个部门调整了办公室，整个企划部和宣传部却产生了矛盾。原来企划部靠近休闲室，平时没事的时候，企划部的人都会去那里看看书、听听音乐放松一下。可是其他部门因为靠得远，也只能在中午休息时间去一会。这下要换房间，企划部不愿意把办公室腾出来让给宣传部，两个部门因为这件事陷入了僵局。

没有人会在天热时候想要烤火，可是会在天热时候想要杯冰水。公司里的资源是有限的，一个打印机、一台电脑、一个靠近老板办公室的位置，大家都想要，那么就会有冲突产生。

3. 对权力、金钱、荣誉等方面的执着追求

销售部的小丁和萱萱最近因为一些事情闹得很不愉快。小丁是老员工，而萱萱是今年才进公司的新人。可是萱萱的业务能力很好，短短半年就已经是销售部业绩最好的人之一了，很多老员工都做不过她，连老板都对她很欣赏。销售部主任上周辞职了，老板想在小丁和萱萱之间选一个人补上这个空缺。小丁却觉得萱萱没有经验，不够资格，应该主动和老板说自己不合适。可是萱萱不肯。于是两个人就有矛盾了。

很多人都会有这种想法，你接受的表扬多、工作做得出色，虽然我也不会因此而少受表扬、工作就不能做出色了，可是我心里依然觉得很不舒服，看你很不顺眼。冲突也就产生了。

知道了产生“职场僵局”的原因，又该如何化解才可以化戾气为祥和呢？

1. 找一个合适的调解人

俗话说“世上没有劝不开的架，没有解不开的死疙瘩”。有些矛盾和冲突的双方都有调解的欲望，可是一时又抹不开面子，找不到台阶下。找一个调解人从中调解最为合适，调解人可以巧妙地代一方向另一方致歉，从而引起另一方的感动而又主动地向对方致歉。这样就可有效地促成双方和解。

2. 双方都在自己身上找原因

有些冲突由于原因复杂或者由来已久，因而冲突双方应该具体问题具体分析，辩证地阐明事理，多从自己身上找找原因。使双方都能产生认同感，达成共识，在友好的氛围中解决纠纷。

3. 主动致歉也是一个好方法

职场中，各种冲突屡见不鲜，但是很多矛盾都是可以通过诚恳道歉解决的。

如果是你的错，只要能多自我反省，勇敢承认自己的错误，向受害人道歉，就不难化解矛盾。即使不是你的错，也可通过主动道歉而缓解双方紧张的气氛，让对方在你的自省中体悟到自己的错误，双方都有台阶可以下。

不得不得罪人时，也要做好善后工作

小莉和莎莎是同时进入公司的。因为文笔都不错，就被老板安排一起做公司内刊的编辑。小莉性格外向活泼，莎莎有些腼腆。小莉的热情让一个人孤身在外工作的莎莎很有亲切感，两个人的友情迅速升温。

可是最近小莉对莎莎产生了敌意，不再愿意和莎莎说心里话，中午也不愿意和莎莎一起吃饭了。看到小莉冷淡的面容，莎莎也觉得很委屈。其实，她也不想得罪小莉，可是碍于老板的命令，她也是不得不那么做。

事情的经过是这样的。老板让莎莎和小莉负责采写一些优秀员工的工作纪实，然后刊登在年底最后一期的公司内刊上以示表扬。小莉负责采访，莎莎负责编写，两个人各负其责，合作默契。

莎莎写好稿件后，就把稿件送给老板审阅了。那天小莉刚好有事请假，临走前拜托莎莎处理好稿件的后续工作，莎莎愉快地答应了。老板看完稿件后很满意，然后就嘱咐莎莎赶紧把稿件发给责任编辑发稿。可是在文章作者的署名上，老板却问道："这文章到底是你写的，还是小莉写的，怎么写两个人名字？"莎莎愣了一下说道："文章是我写的，不过资料是小莉搜集的……""那就写你一个人的名字吧，小莉的名字还是不要写上去了。"莎莎还想争辩，可是老板挥挥手，示意她出去。后来小莉知道这件事后，无论莎莎如何解释，都不愿意原谅她。莎莎既委屈又伤心，可是她又不知道该怎么样才能取得小莉的谅解。可是最让莎莎烦恼的是在后面的工作中，小莉总是不配合她，最后只能让老板把她调到了其他部门。

在工作中，如果有时不得不得罪同事，就必须做好善后工作，否则就会像莎莎一样，既得罪了同事，又影响了工作。可是，用怎样的方式“善后”才是最有效的呢?

1. 摆正心态，站在对方的角度考虑问题

换位思考可以让你更深刻地体会别人的感受，从而“化干戈为玉帛”。就像上文中的莎莎，她应该先替小莉想一想，小莉也辛苦工作了，文章虽然最后是由自己写完的，可是如果没有小莉搜集的资料，她也完成不了。可是最后小莉的工作业绩却被掩埋了，大家看到的文章只有莎莎的署名，自然认为这一切都是她做的，从而忽略了“背后的英雄”小莉。小莉当然不开心。虽然莎莎不是主观上想去“掩盖”小莉的功劳，可是她应该首先正确理解小莉的感受和态度，这才是解决问题的第一步。

2. 敢于承认错误，并深刻进行自我反省

虽然是老板要求只写莎莎的名字，可是莎莎并不是一点错都没有。她没有坚持向老板表明小莉的功劳，利用一个折中的方法来解决这个问题，比如在文末加上一句“资料搜集者小莉”，也没有在老板做了这个决定后第一时间和小莉沟通，而是等小莉自己发现。产生问题的根源是莎莎“粗枝大叶”的工作习惯造成的。所以莎莎应该清楚认识到自己的错误，并积极反省，以诚恳的态度请求小莉的原谅。

3. 找一个合适的中间人调解

这是一个一举两得的好方法。通过一个可靠的中间人传话，既可以把自己的想法和事实告知对方，起到澄清真相消除误会的作用，也可以避免双方见面再发生冲突，从而使事态更加难以控制。莎莎可以找一个和彼此关系都不错的同事当她和小莉的调解人。

4. 宽容他人对自己的误会

事情发生后，不仅小莉，甚至连周围的同事都对莎莎产生了误解。其实，这很正常。莎莎应该以宽容的态度看待这一切，不要事事都往心里去，宽容别人就等于解脱自己。日久见人心，相信误会总有一天会被解开的。

第四章

重视人情，关系才能畅通

人际关系是一个复杂的工程，就像人的血管一样，为你提供源源不断的资源。然而，就像血管时常会老化、堵塞一样，朋友关系也可能会出现这样那样的问题。长时间不联系的一个朋友，无论你们的关系以前有多好，时间也会冲淡友谊。

平时多联系，不要冷落了朋友

不要总是特立独行，不要漠视别人的喜怒哀乐。因为，当你不愿理睬别人、孤立别人的时候，其实会觉得孤独的只有你自己。

人与人之间感情的保鲜在于平时的联系。联系多了，感情自然会加深。一般情况下，当我们刚认识一些人时，感情的进展与联系的频率是成正比的。同样地，如果你与一个刚认识的朋友接触的机会比较多的话，你们很快就能拉近彼此的距离，变成比较亲密的朋友。其实很简单，就像你与办公室的同事、班上的同学能很快熟识，而与其他同事或同学则比较疏远一样。因为你们可以经常见面，接触较多，所以很快就能认识并熟悉对方。人与人相处就要经常联系，经常交流，才能维持这一份难得的友谊。不管是亲戚，还是朋友，甚至只有过一面之缘的朋友，都应该经常联系一下。

你应该能发现在中国其实有很多礼节，比如家里有婚丧嫁娶等大事，都会邀请亲戚朋友参加，很多大的场合还要送礼，这是自古流传下来的传统。其实是很有必要的，因为通过这种方式恰好能加强亲戚朋友之间的联系。如果一户人家长期“闭关锁国”，自己不“出去”，也不开门让别人“进来”，这样既冷落了他人，也使自己变得孤独。

想要维持好自己的交际圈，就一定要与自己的朋友经常保持联系。经常给远方的亲人或朋友打打电话，发发短信，了解一下对方的近况，也将自己的近况简单介绍一下，互相沟通，是很有必要的，不要去在乎这一点时间。如果亲戚或朋友办什么人生大事，尽量抽空去参加，如果实在没办法，也可以请别人带去你的问候，不然，怎么称得上是亲戚朋友。

俗话说“患难见真情”。当朋友遇到麻烦的时候，更应该与朋友保持联系，很多人都喜欢向家人或朋友报喜不报忧，对于自己遇到的麻烦却绝口不提，其实应该改变这样的思想。

当自己的父母遇到麻烦时肯定会全力以赴，这不用多说，但如果自己的叔叔、阿姨或舅舅等亲戚，或者朋友，或朋友家人遇到问题，也应该马上抽空亲自去看望。虽然平时忙于工作来往得比较少，但亲戚或朋友有困难的时候却竭尽所能地施以援手，才更加显出你们之间的浓厚感情。“患难见真情”，紧要关头帮别人一把，他们一定会一辈子记得你的好。

另外，平日与亲戚朋友多联系对你自己也会有好处。多和长辈聊天、谈心，在你遇上什么坎的时候，他们一定会给出最中肯的建议，比如找工作、找对象等；或者有事情需要他们伸手帮忙的时候，他们一定不会推脱。但如果平时不联系，有困难的时候才想到他们，一般别人是不会愿意帮忙的。感情的保鲜在于平日的联系，所以只有与朋友多通信息，多交流，才能维持良好的友谊。

投桃报李，莫让朋友吃亏

人与人的交往都是平等互惠的，你对别人好，别人自然就会对你好。你帮了我，我也会全力以赴地去帮你。正所谓“投桃报李”，你只有对别人也表示关怀，并热情地帮助别人，那么当你有困难时他才会对你施以援手。所以如果你希望得到他人的帮助，就必须要先帮助别人。

一般会做人的，都会在朋友遇到困难时主动地去帮助他，替朋友排忧解难。俗话说“患难见真情”。当你在对方急需帮助的时候伸出了你的援助之手，就更能让人体会到朋友的重要。此时你伸给别人一只手，彼时别人也会毫不犹豫地向你伸出一只手。

有这么一个神话故事，说有人在即将离开人世的时候，希望能提前了解一下天堂和地狱的情况，然后再选择他最后的归宿。于是上帝让他先去了地狱。刚进去时，他非常惊讶，根本不敢相信他看到的是地狱的场景。因为并没有出现青面獠牙的鬼脸，他看到的是一片欢乐祥和，所有的人都围着酒桌，桌上还摆满了很多吃的喝的，各种美食。

但是，他近距离观看时，发现那些人都苦着一张脸，没有一点即将要狂欢的神态。而是闷闷不乐、没精打采的样子，并且都很瘦。原来他们的手臂都和有四尺长把手的刀、叉捆绑在一起了，根本就没法动，即使那么多美食在眼前，他们都只能看却吃不到，所以他们其实一直都在挨饿。

后来，他又去了天堂，没想到的是境况跟地狱完全一样——样的食物、四尺长把手的刀和叉。但是，这里的居民却在唱歌，而且很欢乐，一个个都喜气洋洋、精神焕发的样子。这个人正纳闷，为什么一样的情况，结果却大不一样呢？地狱里的人都饿得可怜兮兮的，天堂的人却在酒足饭饱后寻欢作乐。真奇怪，他离得近了，最后发现，地狱里的人只顾着自己去吃，但是那么长的把手使他们不能把食物吃到嘴里。但天堂的人却是和对面的人互相喂着吃，这样大家就都能吃到了。正是因为他们的互帮互助，帮到了别人也帮到了自己。

人生在世总有遇到麻烦的时候，大家互相帮助，你帮帮我，我帮帮你，就能很轻易地解决问题。人与人都是联结在一起的，你帮助别人的时候其实也是在帮自己，这也就是说助人即助己了。

老李的老婆要生孩子了，他丢下电话开着公司的那辆破车就往外冲。“这个车不行，太老了！”同事追着他喊。“等不及了，试试看吧！”没想到，一遇到上坡，车就有点难开了，不过居然让他侥幸上了几个。马上要冲最后一个坡了，有一个提着行李箱的人过来招手：“能不能帮帮忙，带我一下？我实在拎不动！”老李不理他，只顾往上冲，心想：“我这破车还不知道能不能过去呢！”结果就在即将冲过山头的时候，车卡壳了，不管怎么加档、踩油门都上不去，而且还开始往下滑。

老李干脆退了下去，加足码力准备再冲一下。刚才遇到的那个拦车的人，回过头冲他笑了一下。老李认为别人在嘲笑他，在心里狠狠咒骂了一句，就继续开车。但这一次，在差那么一点的时候居然也慢慢地爬过去了。老李正独自高兴着，突然发现车后面有个人，正在喘气。“你帮我推的？”“是啊，你……可不可以捎我一程，有个孕妇正等着我去做手术！”

看了上面的小故事，我们应该可以很清楚地看到，当你帮助其他人解决了麻烦或让他们得到了他们想要的东西后，你一定会因此而得到你需要的帮助，并且你帮助的人越多，你得到的帮助也将会越多。

姜太公是我国历史上著名的政治家，他在辅佐周文王建国立业的时候就说：“天下不是一个人的天下，而是天下人的天下。能够同享天下利益的人才能得天下，私夺天下利益的人必然会失天下。”他还说：“与人同病相救，同情相成，同恶相助，同好相趋。如果能做到这几点，没有大军也能取胜，不用攻城略地而获得天下，没有坚城壁垒也能防守；一个君主如果能够心怀天下万民，自然能够得到万民拥戴，不想获得民心的人，却能获得民心；不想取得利益的人，却能得到利益。”

无论是在生活中还是工作中，助人为乐都是一种利人利己的美德。你友好地对他人，别人自然也会善待你，尊重别人才能得到别人对你的尊重。因此，对他人友善就是对自己友善，帮助他人就是帮助自己，敬重他人就是敬重自己。反过来说，孤立他人就是孤立自己，轻视他人就是轻视自己，挖苦他人就是挖苦自己。

互惠互利，才能关系长久

台湾作家柏杨曾经讲过这样一句话：“一个中国人是条龙，三个中国人是条虫。”而且这话也流传甚广。不管它是否完全属实，但的确从另一个侧面反映了我们中国人合作态度的缺乏。遇事喜欢逞英雄，不信任别人。我们喜欢“吃自己的饭，流自己的汗”的气魄，男子汉大丈夫自应立于天地之间。可是随着全球经济一体化的不断加强，市场经济的不断改革，人与人之间需要相互合作，企业与企业之间更应当注重相互配合。

缺乏合作的态度，必然是 1+1 ＜ 2。

大家小时候都听过“三个和尚的故事”：一个和尚挑水喝，两个和尚抬水喝，三个和尚没水喝。故事很浅显，反映的道理却发人深省。本来人越多，干活的人也应该越多，为什么到最后竟没有水喝？就是缺乏合作精神的典型表现。

天下熙熙，皆为利来；天下攘攘，皆为利往。每个人都有自己的私心和欲望，人生一世，谁不渴望自己这一生轰轰烈烈、衣锦还乡？谁不渴望像诸葛亮那样鞠躬尽瘁，名垂千古？为了实现自己的梦想、达到自己的目的，人们费尽心机，不择手段，不惜争个你死我活，窝里斗得非常激烈。或者尔虞我诈，或者两面三刀……本来好好的一件事弄得乱七八糟。

常言道：“人为财死，鸟为食亡。”利用别人；从商者，为了敛财，你来我往，商场如战场，为了得到自己心爱的女人，为了拿上证书……太多的诱惑导致了太多的追逐。在追逐自己利益的过程中，人性扭曲了：同室操戈，手足相残！

“同行是冤家”，同类企业之间的相互排挤是同行关系中的主要部分。很多人都有非常强的好胜心，不希望别人比自己好，为了搞垮对方，不择手段，也会不惜一切代价，不给人留一点余地，今天你整我，明天我整你，就在这种你来我往中搞内耗。他们从来不会想，换一种思考的方法，双赢的合作是达到目的的最佳选择。其实合作是为了更好地发展，因为一个人、一个企业不论它发展到哪一种程度，总会或多或少存在一些不足，如果能和自己互补的同行企业合作的话，也许这些问题就会得到很好的解决；同时，你也能用自己的优势去帮助对方，让双方各取所需，共同进步。

富士、施乐合作就是非常明显的例子。为开拓施乐在日本的市场占有率，施乐复印机公司与富士胶卷公司成立了一家合资企业。经过了一段时间，这家合资企业开始在全世界范围内向施乐供应商品，并成为相互合作的伙伴。它的规模越做越大，获得了丰厚的利润，并向施乐支付了一定的分红。但是，它所起的真正的作用却在于帮助施乐在 20 世纪 80 年代击退了日本产品的竞争，止住了施乐公司下滑的趋势，并让施乐公司在全球范围内重新掌握了主动权。由此可见合作的意义是非常重要的。

企业之间所进行的协作，往往是企业谋求发展和整合资源的手段，已经成为企业发展的一种战略。同行的大企业之间在面对是竞争还是合作发展这样一个选择时，更多的企业选择了后者，这是同行之间彼此生存的一种新形式。

现在的跨国公司在全球范围内“单枪匹马”奋战的少之又少，它们更多的是在形成战略联盟以后，要提高联盟整体的效益，还需付出很多努力。联盟体应尽可能避免与母公司的目标和战略相冲突。

从当前的情况来看，战略联盟是相当成功的，当然也不乏失败者，但它增长的速度依然很快。在联盟中应注重的非常关键的问题是，既要增强自己的市场竞争力，又要防患于未然，将联盟中可能存在的风险都考虑到，制定出相应的应对

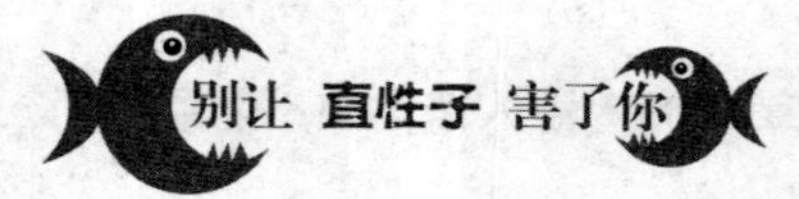

措施，以此来促进联盟战略目标的具体实现。

在我国存在许多家族式企业，他们内部往往能够团结一致，可经常会陷入故步自封的境地，不信任别人，不喜欢和别人进行合作，在竞争中错过进一步发展的机会，最终被社会所淘汰。

在一家企业中所包括的关系，是人与人之间的关系。同样的道理，在企业与企业之间，也存在着企业内部合作的问题。一些身家不菲的硅谷公司一旦离开硅谷，虽然人和技术都没改变，但这家公司很可能会因此而变得一文不值。其原因就在于这家公司把自己发展的平台抛弃了。

简而言之，企业之间的合作就是企业之间通过内部协作共同获取外部资源的能力。总体来说，企业之间协作由两部分要素组成：一是最基本的要素，包括信任、网络和规则；二是熟练利用基础要素的能力。

信任是个体通过一系列交往所获得的对其他个体的可依赖程度的认识，也是对自己的一种信心，是要经过一定时间的验证才能获得的。信任感是可以转移的，A 信任 C 是由于 A 信任 B 而 B 信任 C，这样的话，范围更广的网络关系就可以通过总体的信任水平体现出来，而没有必要让每个成员都进行亲密接触。适当的行为规则则是作为一种社会范围内的交际，并且也是靠不同行为者之间的相互沟通和协商而逐渐发展的。

人们应该留意到，互惠的规则是建立在对彼此双方有利的关系基础之上的。与互惠原则紧密联系的是这样一种个体意识，它使执行者放弃自己当前的暂时利益而采取有计划的行动，但这不是仅仅从整个集体的利益出发的，而是也在为自身的长远利益做着打算。

英雄时代已经不属于这个社会了。不管是哪一种人、哪一个企业，如果不知道如何与人合作，想靠自己一个人独闯天下，等待他的一定是狼狈不堪，一溃千里。为了集体的利益，为了顾全大局，不仅企业内部人与人之间需要充满默契的合作，企业与企业之间也一样需要配合。

平日多沟通，有事好相助

千里难寻是朋友，人人都希望自己能有真正交心的朋友，但朋友不会在我们出生的时候就在身边等候着我们，而是需要我们自己用心去寻找的。如果你能对他人付出真心的关怀与关爱，相信对方也一定会对你付出真心。

处于现在这个信息时代，如果不与他人进行交流沟通就会自我封闭，与社会脱节。就算你再有本事，但没有让你施展才华的舞台、没有需要你帮助的人又有什么用呢？要知道只有与别人打过交道、有过交流，才有可能让人看到你的才华。平日经常和朋友联系一下，比起你需要别人帮助的时候再联系要好得多。一通寒暄的电话，问候一下朋友的近况，是朋友最喜欢的礼物，也能体现你优秀的为人处世之道。平常没事的时候和朋友多联系，缓解这个社会造成的人际冷漠，也许，有很多人需要你的帮助！

有一个到大城市定居的人，她刚去的时候，基本上没有社交生活，很少和朋友聚会，再加上刚到一个陌生的环境，她也没有什么新朋友。她一周上五天班，周末会去郊外散心，这是一般家庭都会有的生活。也就是说，他们去郊外都是和自己的家人一起去，过的是家庭日。而且假期的时候她也没办法去看朋友，因为一般人都不会在假期的时候还在家里，除非生病在家。下班后也不可能有时间去探访朋友，因为隔得太远、交通太拥挤。不过她会经常和朋友通过电话联系，这也是她唯一可以选择的和朋友保持联系的方法，没事的时候她也会打电话过去，随便聊几句、寒暄一下，或者讲一些生活中的琐事、开开玩笑。但一旦发生什么事情，那帮朋友一定会立刻聚集在一起，即使问题很棘手，在那个城市的朋友都会尽心尽力地帮助她。

看了上面的故事，相信大家一定能感觉到，她在平日没事的时候也一直和朋友保持联系，增进朋友之间的感情，所以遇到问题时，朋友会立刻挺身而出。

在繁忙的都市，在工作生活之余，大多数人都是在有麻烦的时候，才会想到自己的朋友，平时悠哉过日子时自然是想不起来的。或许你也曾遇到过这样的情况：当你遇到麻烦时，有一位朋友应该能够帮你解决，你本来想立刻给他打个电话询问一下，但拿起电话时你会发现，离你们上一次的通话或见面不知道过了多长时间了，本来平常可以打电话多联系一下或亲自去看望一下的，但是你都借口忙而放弃了。现在有事情需要别人帮助的时候就想到了别人，会不会有点太冒昧了，甚至因为太冒昧而担心他会拒绝。在这个时候，你就会后悔现在才“临时抱佛脚”了。

有一本写职场升迁的书就写得非常好。它告诉那些有心在职场上有所作为的人，一定要搜集到至少25个将来最有可能做公司总经理位置的人的资料，并铭记在心，然后与这些人结交，隔三岔五地小聚一下，和他们维持良好的关系。这样，当这些人之中的任何一个升到总经理之位时，自然也不会忘记你，他们也需要培养自己的左右手，便很有可能聘请你担任某个部门的主管或者其他什么职位了。或许你会不屑于使用这种手段，认为有点不入流，但却是非常现实又有效的。

一本企业家的回忆录中提到，最开始被任命为企业的负责人时，心里很是压抑。因为他们那个企业的董事会成员至少有五六名，要如何选择一个并使其成为自己的心腹，的确是一件不容易的事，因为这个人不仅要有出众的才能、丰富的管理经验，最重要的一点，就是“必须能成为自己的朋友”。

要想有人赏识你的才能，必须得和别人打过交道，否则，就算你才华横溢、才能出众，也不可能会有人知道。大家为了生活和工作每天都忙忙碌碌，用来联络朋友的时间会很少，时间一久，那些原本很亲密的朋友也会变得疏远，甚至关系逐渐淡漠下来，这是很令人遗憾的。希望大家一定要珍惜朋友之间这份难得的缘分，不管怎么忙，都不要忘了时常与朋友联络感情。不然，“闲时不烧香”，到了关键时刻想要“抱佛脚”就来不及了。

选择志同道合的朋友

人是群居动物，生活在社会之中，必定要与朋友交往。特别是在商品经济日益发展的今天，谁都需要几个朋友，否则的话就会在社会生活中格格不入，面临被淘汰出局的危险。然而交朋友也不能盲目，这里面很有讲究，也有很多陷阱。

古人对朋友的类别分得非常详细，例如，至交：指友谊深厚，不猜不疑的朋友；世交：也称世谊，指两家世代有交情；八拜之交：旧时称结拜的兄弟、姊妹之交；竹马之交：指自幼年相交的朋友；忘年之交：指年岁差别大或辈分悬殊，但交情深厚的朋友；刎颈之交：指同生共死的朋友；忘形之交：泛指不拘身份、形迹等而结成的不分彼此之朋友；莫逆之交：指相互情投意合的朋友；点头之交：指交情不深，仅是见面打打招呼、点点头的朋友；市道之交：指以做生意为目的，以做买卖的手段结交之朋友；酒肉之交：指吃吃喝喝结交的酒肉朋友；患难之交：指在身处逆境时结交的知心朋友；贫贱之交：指社会地位低下、生活贫苦而相交的朋友；布衣之交：指普通百姓相交的朋友；君子之交：指从道义上互相支持而相交的朋友；小人之交：指重利轻义而结交的朋友。对于以上各种朋友要分辨不同情况采取不同方法予以应对。

由此可见，我国古人把交朋结友的标准已说得入木三分了。朋友虽然有很多种，真正对我们的生活产生影响的，却只有那么几类。作为普通人，我们应该选择什么样的人做自己的朋友呢？

1. 高端大气上档次，而又有趣的朋友

这样的朋友可遇不可求，是理想化的最佳选择。高端、大气、上档次的人使人尊敬，有趣的人使人喜欢，又高端大气上档次、又让人感到有趣的人，使人敬而不畏，亲而不狎，交接愈久，芬芳愈醇。就像新鲜的水果，不但甘美可口，而且富有营养,可谓一举两得。一个人有了这样的朋友,自己的境界也低不到哪里去。

2. 高端大气上档次，却无趣的朋友

有的朋友虽然说出去很有面子，对自己的帮助也很大，不过与这样的朋友相处，却并不让人感到有趣。古人所谓的诤友，或许就是这一类的朋友。这种朋友有的知识丰富，有的人格高超，有的呢，品学兼优像个模范生，可惜美中不足，都缺乏那么一点儿幽默感，活泼不起来。因此，与这样的朋友相处，既不像打球那样好玩，可以你来我往，此呼彼应，也不像滚雪球那样轻松，把一个有趣的话题越滚越大。这样的朋友或许会让你有压力,然而良药苦口,对你的人生绝对有益。

3. 低端却有趣的朋友

这种朋友是生活最好的调味品，虽然不上什么档次，但是却极富幽默天赋，很有娱乐精神，说故事，他最像；论消息，他最灵通；讲关系，他最广阔；好去处，他都去过；坏主意，他都打过。只能与他同乐，不能与他交心。

4. 低端无聊，而又无趣的朋友

如果你身边有这种朋友，最好还是敬而远之，因为他们不值得交往。他们没什么兴趣爱好，每天无聊得很，生活又无趣乏味，整天昏昏沉沉，不知所谓。孔子说：“人无癖不可与交，以其无深情也”，也就是说一个人没有自己的兴趣爱好的话，代表他没有深刻的感情，然而做人交友，应以知心同趣为原则。

除了低端而无趣的朋友不可交之外，还有三种朋友也不可结交。孔子所说的“损者三友”中的“便辟”，是指谄媚奉承，耍弄手段；“善柔”，是指当面恭维，背后诽谤；“便佞”，是指花言巧语，夸夸其谈。跟这几种人厮混，必至骄傲恣肆，吹吹捧捧，拉拉扯扯，无自知之明，这就是“损友”的害处。

如果你想做一个志向高洁的君子，那在朋友的选择上，一定要谨慎而行。具体来说，与其和市街中的商人来往，不如和山中淳朴老翁为友。与其入显贵之门拜谒，不如往返于茅屋与穷人亲切交谈。这是因为，居于声色犬马的市井之人，与人交往，易生利害得失之心。而居于山中，深居简出，远离红尘，不问世事的老人，他们生活单纯、简朴，与之交往，可使心灵获得无比的宁静。

中国人的交友精神，主要有两点：一要提倡“久而敬之”。孔子说：“晏平仲（齐国大夫，名婴）善与人交，久而敬之。”所谓久而敬之，就是要做到不以富而骄，不以贵而傲，不因贫贱而疏。这样的友情则绵远，才会“久而敬之”；二是提倡“敬重”。做到“忠过而善道之”，就是说，对待朋友，必须真诚相见，互相帮助，共同进步，尽其劝善规过的责任。在相交之初，一般人尚能互相敬重，久之，或富贵利达，或贫困挫折，都会有背信弃义者，这就是日久见人心的道理。

重视人情投资，日久自有回报

古人说“世事洞明皆学问，人情练达即文章”，由此可见对人情的重视程度。虽说在社会生活中，人情并不是万能的钥匙，但不懂人情是不可以的。人情就像流水，是一种无根的东西，想要固定它，必须牢牢地掌握它。通晓人情，就是要有一种设身处地，将心比心的情感体验的态度。换句话说，就是要“已欲立而立人，已欲达而达人”。就好像肚子饿了要吃饭，应该想到别人肚子也饿了，也要吃饭；身上冷了要穿衣，应想到别人也与你一样。懂得这些，你就要“推食食人”“解衣衣人”。

刘邦就是一个非常懂得人情世故的人，他在韩信眼中是个通情的人，是个有知遇之恩的人。刘邦的聪明之处就在于，他使韩信欠下自己的人情债不忍背叛。齐国人蒯通知道天下的胜负取决于韩信，就对他说：“相你的‘面’不过是个诸侯，相你的‘背’，却是个大福大贵之人。当前，刘、项二王的命运都悬在你手上，你不如两方都不帮，与他们三分天下，以你的贤才，加上众多的兵力，还有强大的齐国，将来天下必定是你的。”

韩信说：“汉王待我恩泽深厚，他的车让我坐，他的衣服让我穿，他的饭给我吃。我听说，坐人家的车要分担人家的灾难，穿人家的衣服要思虑人家的忧患，吃人家的饭要誓死为人家效力，我与汉王感情深厚，怎能为个人利益而背信弃义！”

过了几天，蒯通又去见韩信，告诉他时机失去了便不再来，韩信犹豫不决，只因汉王对他情深义重。我们姑且不论刘邦以后如何处死了韩信，但就人情世故而言，刘邦很成功，他能令韩信在想到背叛时心中便产生了愧疚，不忍去做。

的确，赚得人情是一件很容易的事情，有时候甚至是一个小小的举动，并无成文之规。对于一个处境窘迫的穷人，一枚铜板可能会使他忍一下极度的饥饿和困苦，或许还能成就事业，建立起自己的公司。对于一个不回头的浪子，一次交心的聊天可能会使他重新树立做人的尊严和自信，或许浪子回头之后能奔驰于希望的原野，成为一名真正的勇士。就是在平常的日子里，对一个正直的举动送去一缕赞许的眼神，这一眼神可能在无形中就是一种强大的动力。对一种独到的见解报以一阵赞许的掌声，这一掌声潜意识中可能就是对革新思想的巨大支持。就是对一个互不相识的人漫不经心的一次帮助，可能也会使那个陌生人突然感受到善良的难得和真情的可贵。说不准他看到有人遇到难处时，他会很快从自己以前被人帮助的回忆中汲取勇气和仁慈。

在对人情这件事上，项羽做的就比刘邦差远了，可以说是有着天壤之别。虽然项羽有“霸王”的美称，却只有霸者的习气，没有王者的风范。他自己想称王，却想不到手下的弟兄也想做官。该赐爵的时候，爵印就在他手中，棱角都磨损了，他还是舍不得颁发下去。因此，与其说项羽败给刘邦，还不如说他输给了人情。

说白了，人情就是人缘，好人缘是一笔巨大的财富。有人缘的人，会广交朋友才会受人欢迎。话虽这么说，但人情的“通”，人缘的“有”，是不能靠守株待兔得来的。天上不会掉下一张馅饼，而且刚好掉到你的嘴巴里。人情要去做，重视情感，不是谋划，也并非算计，这仅是交际的一种手段。因为欠了人情，别人必然会有回报。每个会做人的人，都会处在两种位置的角色上，不是别人欠你的情，就是你欠别人的情，不存在谁算计谁的问题，因为中国人的关系就是靠人情的流动在相互维系着、进行着的。

俗话说“女为悦己者容，士为知己者死”，无一不是“感情效应”的结果。

善于处理人际关系的人大都深知其中的奥妙，不失时机地付出雪中送炭一般的感情投资，往往能收到异乎寻常的效果。

韩非子在讲到驭臣之术时，只说到赏罚两个方面，这自然是最主要的手段，但却很不够，有时两句动情的话语、几滴伤心的眼泪往往比高官厚禄更能打动人。因此，感情投资，可谓一本万利，是一种最为高明的统治术。

有许多身居高位的大人物，会记得只见过一两次面的下属的名字，在电梯上或门口遇见时，点头微笑之余，叫出下属的名字，会令下属受宠若惊。可见，富有人情味的上司必能获得下属的忠心拥戴。

吴起是战国时期著名的军事家，他在担任魏军统帅时，与士卒同甘共苦，深受下层士兵的拥戴。当然，吴起这样做的目的是要让士兵在战场上为他卖命，多打胜仗。他的战功大了，爵禄自然也就高了。

有一次，一个士兵身上长了个脓疮，作为一军统帅的吴起，竟然亲自用嘴为士兵吸吮脓血，全军上下无不感动，而这个士兵的母亲得知这个消息时却哭了。有人奇怪地问道："你的儿子不过是小小的兵卒，将军亲自为他吸脓疮，你为什么倒哭呢？你儿子能得到将军的厚爱，这是你家的福分哪！"这位母亲哭诉道："这哪里是爱我的儿子呀，分明是让我儿子为他卖命。想当初吴将军也曾为儿子的父亲吸脓血，结果打仗时，他父亲格外卖力，冲锋在前，终于战死沙场；现在他又这样对待我的儿子，看来这孩子也活不长了！"

且不论吴起这样做是不是故意为之，但他的效果却实实在在达到了。有了这样"爱兵如子"的统帅，部下能不尽心竭力、效命疆场吗？

人非草木，孰能无情？作为上级，只有和下级搞好关系，赢得下级的拥戴，才能调动起下级的积极性，从而促使他们尽心尽力地工作。俗话说"将心比心"，你想要别人怎样对待自己，那么自己就要先那样对待别人。只有先付出真诚和关爱，才能收到一呼百应的效果，让别人死心塌地的为你效力。

即便是那些手中握有一定的实权、位高权重的人，也不能忽视人情的重要性。有人说，我不需要别人的帮忙，当然也不用欠别人的人情。但是，天下的事情那么多，并不是每一件事情你都愿意干、愿意出面、愿意插手，这就需要借助别人去干，在这种情况下，感情投资就十分值得了。

人情债欠久了，朋友也就没了

俗语说得好，“天上下雨地下滑，自己跌倒自己爬，亲戚朋友拉一把，酒还酒来茶还茶”。人情之道尽在其中。当然，友情是无须偿还的奉献，而人情却是债，是你予我半斤我必须还八两的往来账，即使当时不能兑现，日后有条件了一定要加倍偿还。

被后人看作“商圣”的胡雪岩，其经商哲学是“多个朋友多条路，多个仇人多堵墙”。

有一次，胡雪岩在街上结识了一位落魄文人王有龄。王有龄是官宦世家，但到他父亲时，家道中落。为替祖上“争气”，王家变卖了所有家当，为王有龄捐了个“盐大使”的虚衔。王有龄是个有知识、遇事有见地的人，言谈高雅，出口成章。胡雪岩觉得他是个人才，王有龄也佩服胡雪岩的机灵干练。不久，两人以兄弟相称。

为了让王有龄尽快得到官方的重用，胡雪岩将一笔他讨回的“死账”——500两银子交给王有龄，对他说：“看你不是个平庸之辈，祝你早日入仕，不愁没有归还之日。”

王有龄后来做了湖州知府，出于对胡雪岩的感激，将他在工作中涉及的所有钱粮之事，一律交给胡雪岩承办。胡雪岩的生意越做越顺，越做越大。

在这个故事中，人人都赞叹胡雪岩的慧眼识英雄，但我却更加敬佩王有龄的知恩图报。王有龄显然也是一个朋友高手，他深知人情债的重要性。当自己一旦发达了，首先想到的就是偿还胡雪岩的人情之债，所以他们的交情才能更加持久、稳固。

如今，朋友的含义早已变得宽泛，每个人的朋友都是以圈儿划定：如同学圈儿，战友圈儿，生意圈儿，等等。朋友有期：有的可终生交往，有的则是阶段性的；朋友有别：逆耳相言的畏友（诤友）、贴心落意的密友、声色犬马的玩友、互用互防的贼友，都可以存在。因此，朋友不仅是书，还是衣装，是餐饭，是四季……都能在各方面给你帮助。

于是，有了朋友，你的衣食住行都能得到实惠。

1. 朋友就像你各个时期、不同场合穿着的不同衣装

有的朋友是婚纱，只有短暂的接触却得以最高的辉煌；有的朋友是西装，只能体面地与你同享风光，却不能与你完成日常的琐碎，倘若穿着西装去下厨扛煤气罐，不仅毁了衣服，也会因袖窄瘦腰事倍功半；有的朋友是便装，虽不能与你共入大雅之堂，却可以在日常生活中给你很多实实在在的帮助。

2. 朋友又像你餐桌上的饭菜

餐饭有家常饭，有聚餐，有宴会。朋友有实用朋友，有精神朋友和心灵朋友。友有三千六，各有不同用。有的可以同享快乐，有的可以共渡难关。

餐饭品的是味道，人也有味儿，无论男人和女人。大荤大菜看上去好，却不是每个人都能消受得了的。肥油烂肉，有的人看了就腻饱无欲，有的人却非此不能过瘾。粗茶淡饭，有的人难以下咽，有人却吃得津津有味，舔一口盐粒儿饮一口老酒，这是怎样的境界！也有的人入口皆是饭，结果闹得翻肠搅肚苦不堪言。

3. 朋友是路

不仅路边的四季风光让你耳目一新，还会脚踏实地地帮你解决问题。

见多识广、手眼通天的朋友，无异于一条通天大路，有时候一个电话、一纸便签，就帮了你的大忙。他可以帮你分析事理拿定方向，为你疏通打点，让你的生活如期登程按时到站。而那些老实厚道、能量不大的朋友，也可以是曲径通幽的小路。这些小路幽静安谧，不会给你旷远通达的敞亮，却会让你放松安歇。在人生之旅中帮你跑腿担担，急时喊来看门护院。还有一种没这些实用之需，却在你心意烦乱时陪你神侃，带你逛店走街，酒吧里坐坐迪厅里蹦蹦的朋友，似山中林间的曲曲小径，让你神清气爽。

4. 朋友也是可以用四季来划分的

性格亮丽阳光的，给你打开一扇春的窗口；性情热烈奔放的，引你融入夏的缤纷；脾性沉稳笃实的，让你领略秋的实在；骨子里就冷峻坚毅的，带你一览冬的刚强。

把朋友如此比喻似乎亵渎了朋友二字，但事实就是如此，谁也不必忌讳。亲戚有远近，朋友有厚薄。严格讲，朋友应是双方不以功利为目的偏重情感需求的自然接纳，类似钟子期、俞伯牙一曲绝天下的形式，而那种带有功利意思的密切交往只能叫伙伴……就叫它朋友吧，也没什么不好。朋友是财富，他们带给你的帮助足以让你受用一生。那么，我们怎样才能获得朋友的认可与帮助呢？

首先，不要坑害朋友。朋友其实是最容易被坑害的，会因为信任而对你放松警惕，所以你要坑害他，很容易设下圈套。但受骗只会一次，你会因此而失去一位朋友，失去一条财路。而且你会失去圈子里的名声和信任，那才叫得不偿失，到时你会后悔不迭。

其次，对朋友一定要宽容。就是要记住别人对你的帮助，忘记别人对你的伤害。

有这样一则笑话：

有一次，刘、关、张三人一起去贩卖草席。三人经过一处山谷时，刘备一失足滑了下去，幸而关云长拼命拉住他，才将他救起，刘备于是跑到高处，在一块大石头上用宝剑刻下这样一行字："某年某月某日云长救玄德一命。"

三人边走边卖草席，就来到一处河边，张飞跟刘备为了一个铜板吵了起来，张飞一气之下打了刘备一耳光。刘备就跑到沙滩上写下："某年某月某日翼德打了玄德一耳光。"

后来曹操听说了这件事，就在煮酒论英雄的时候问刘备，为什么要把关羽救他的事刻在石头上，将张飞打他的事写在沙滩上？刘备回答说："我永远感激关羽救我，至于张飞打我的事，写沙滩上，很快会被海浪冲刷得一干二净。"

曹操哈哈大笑："今天下英雄，惟使君与操耳。"

虽是笑话，其中的道理却令人回味无穷。

再次，还要加强沟通。

沟通是一种容易被人忽视的能力。可能你具备了很强的能力，但千万不能恃才傲物，把朋友、同事、同行都看扁了。要知道，别人的认可与帮助，有时能改变一个人的命运，给你带来意想不到的财富。还有就是：许下承诺并信守承诺，你将赢得对他人的影响力，以及圈子里人的信任，切莫做出无法达成的承诺。

友情也好，人情也罢，都是因需要而存在。有道是"多一个朋友多一条路"，多结交一些朋友，多赚取一些人情，对你的人生总没有坏处。所以说，做人最重要的是要广结人缘，高质量的朋友多，说明你做人是成功的，反之则是失败的。

给人留面子，增进彼此情谊

常言道“人为一口气，佛为一炷香”。面子问题是非常重要的，因此在人际交往中更应该注意面子问题。

在中国的人际交往中，面子是一件非常重要的东西。为了面子，小则争吵，大则会引发人命；如果你是个不注重面子的人，那么你一定是一个不受欢迎的人；如果你是个光顾自己的面子，却忽略别人面子的人，那么你同样不受人待见。无论是因为你还是因为别人而让人丢了面子，后果都不会令人乐观的。

单位搞聚会，大家去饭店聚餐，大领导当着大伙儿的面夸奖了小刘，但却没有肯定小领导的成绩，小刘也没在大领导的面前提及小领导的功劳。小领导非常不满，认为自己伤了面子。因此在大领导走后当着所有人斥责小刘说：“你以为你是谁啊，你走着瞧，明天我让你上不了班！”平时小刘老老实实地干活，并没有冒犯他，看来小刘以后要过煎熬的日子了。

什么是“面子”呢？“面子”就是一个人在众人之中立足的“根本”，也就是说，是代表“地位”，因此你若当面羞辱某人，某人会感觉被同仁看笑话，丢了“面子”，他是有可能为此和你玩命的。

因此，人生在世，你一定要深刻体会“面子问题”，否则一旦处理不好，会对你的人际关系和事业造成很大的伤害。

然而，“面子问题”又非常微妙，有关面子的事只可意会不可言传。那么“面子问题”就不能处理了？显然不是这样的，只要遵守两大原则就可以了。

第一个原则是比较消极的，也就是切忌做出“不给面子”的事。例如：

1. 不能当面羞辱人，包括同事、上司、属下、朋友，尤其不能人身攻击对方。

2. 对别人有意见，应私下解决，切忌当面揭发，避免他下不了台。

3. 强龙难压地头蛇，不要瞎管闲事。

4. 切忌因意气用事而羞辱对方的下属。

5. 遇到比赛的场合，应该手下留情，不要赢得太多。

6. “心中装着别人”，也就是要时时考虑上司、长辈、朋友，要安守本分。

7. 不要抢功，也不要争抢别人的机会。

不管怎么样，只要心怀尊重，为对方着想，那么就不可能做出“不给面子”的事了。“不给面子”的事最容易引起误解，所以必须慎行。

第二个大原则是比较积极的，也叫主动“做面子”给对方，例如：

1. 替对方在周围的同事、朋友及上司面前讲好话，为他做公关。

2. 对方有喜事，主动以得体的方式参与庆贺。

3. 对方有难言之隐，不露声色，悄悄地帮他解决。

4. 适当地吹捧他，帮助他建立人群中的地位。

怀着“我能为对方做些什么，让他有面子”的想法来做就行了。这两个原则，前者能够避免人际关系出现问题，后者则能积极地建立起良好的人际关系，而你的奉献，也肯定能得到回报。

第五章

谨言慎行，不能由着性子来

一个人言谈举止如果不讲究，粗话连篇、不懂礼貌，就会让人觉得没有素质，这样的人一般是交不到什么高素质朋友的。人人都喜欢与那些有修养、有文化的人交往，如果你不具备这一点，很容易把有价值的朋友资源拒之门外。

礼轻情意重，无礼少人情

送礼要恰当，归根结底也就是对症下药，在不违背原则的前提下投其所好。中国是一个讲究人情的社会，很多事情按照规章制度来办往往不会办成。所以，沟通就成了办事的重要环节，要想有个良好的沟通就应该有所表示，而送礼就是这种表示的最好体现。同样是办事，有的人送礼就能把事情办成，有的人送礼却无功而返。由此可见，送礼也讲究学问。

清代商人胡雪岩既善于经商，也善于经营自己的关系网，他的高明之处在于他善于抓住不同人的特点，对症下药。

在胡雪岩的那个年代，要经营关系网，银票起着很重要的作用。胡雪岩深谙此道，自然也不吝啬银子，甚至达到有“求”必应的地步。比方时任浙江藩司的麟桂调署江宁藩司，离任时在浙江亏空的两万多两银子需要填补，又暂时筹不到这笔款项，便找到胡雪岩请他帮忙，胡雪岩二话没说便爽快地答应，以致麟桂派去拜访胡雪岩的亲信也“感动”不已，称胡雪岩确实是“有肝胆”“够朋友”，要他一定别客气，趁麟桂此时还没有离任，有什么要求尽管提，他一定尽力帮忙。胡雪岩做得也非常漂亮，他没有提出任何具体要求，只是希望麟桂到任之后，有江宁方面与浙江方面的钱财往来，能够经由他的阜康票号代理。这样的要求，对于掌管一方财务的藩司来说，自然是举手之劳。日后证明，胡雪岩的投资是有远见的，最终得到了出乎意料的收益。

胡雪岩为了与闽浙总督攀关系，也费尽一番心思。胡雪岩第一次拜见左宗棠时，由于左宗棠听到一些关于胡雪岩与太平军关系的谣言，对他颇有防备，甚至都不给他赐坐，很是“晾”了他一把，而胡雪岩最后还是赢得了左宗棠的信任，甚至被喻为知己，左宗棠因此成为胡雪岩在官场比王有龄更有力量的靠山。后来也就是由于左宗棠的大力举荐，胡雪岩才得到朝廷特赐的红顶子。

在人际交往中要获得他人的信任是很不容易的。胡雪岩之所以能够得到左宗棠的信任，其实仅仅做了两件事：

1. 贡献米和钱

胡雪岩回杭州，带去杭州的有1万石大米和10万两银子。本来这1万石大米有一个用处，那就是先前杭州被围时，胡雪岩与王有龄商议，由胡雪岩冒险出城到上海采购大米以救杭州粮绝之急。胡雪岩购得大米1万石运往杭州但不能进城，只得将米运往宁波，现在杭州已然收复，胡雪岩便将这1万石大米又运回杭州，而且把当初购米款两万银子面交左宗棠，等于是他既交代了事情，以此证明自己没有携款逃命，且又额外献给左宗棠1万石大米，那10万两银子则是胡雪岩为了激励攻下杭州的官军自我约束，不要扰民，而自愿捐献的犒军饷银。

2. 主动承担筹饷重任

左宗棠几十万兵马东征清剿太平军，每月所需饷银达25万之多，当时朝廷财政开支，用兵打仗采用的都是“协饷”的办法，也就是由各省负责军队粮饷之用，实际上是各支部队自己为自己筹饷。胡雪岩听到左宗棠提到筹饷的事，非常果断地表示自己愿意为此尽一份心力，而且当即就为筹集军饷提出了几条行之有效的办法。

胡雪岩所做的两件事，确实抓住了送礼的要害，因此也就立刻达到了自己的目的。所谓抓住了要害，是因为粮食、军饷，都是左宗棠当时最紧迫也最难办的事。杭州刚刚收复，最主要做的工作就是善后，而善后工作要取得成功，第一位的是要有屯粮，而且，当时镇压太平军实际是左宗棠与李鸿章同时进行的，太平军已成败局，左宗棠肯定想争头功，这个时候，粮草军饷也是重中之重。没有粮饷就不能进一步展开攻势。而且如果“闹饷”，就无法控制部队，部队就会沦为

“乌合之众”，甚至还会出乱子。胡雪岩的到来，一下子解开了这两个难题，他哪里还有得不到赏识的道理！按左宗棠的话说，这两个问题解决了，不但杭州收复，收复浙江全境他也有把握了。

送礼就要让对方中意，这往往就是指要送给对方急需的，又暂时没有的。比方左宗棠求功劳，胡雪岩正好给他提供能使他成就功劳所必需的东西，也就收到了意想不到的效果。胡雪岩说：“送礼总要送人家求之不得的东西。”可见他是深谙此道的。

此外，回应必须出于真诚。

从小我们就被教育，对于他人的招呼和问候不理不睬，是一种失礼的表现。但在社会生活中，偏偏有一种人不懂得回应他人。或许有的人认为这是无关痛痒之事，不足挂齿。然而，这对于主动打招呼的人来说，却是极大的伤害甚至是侮辱。他可能会猜忌、怀疑、感觉不舒坦，也可能会很气愤，但最难以忍受的是被忽略的痛苦。

想想看，如先打招呼的是你的上级，你不理，他便有可能认为你散漫、慵懒、傲慢、无礼等。在下属的心里或许认为，只要自己认真、本分、尽责、努力干工作，无愧于心就行了，何必做表面功夫？如果是下属先打招呼，便会认为那些不理不睬的上级是不是对自己的为人和工作态度有什么不满的地方，自己有没有做错什么事，搞得部下惶惶不安，甚至还会使部下产生“有什么了不起”“摆什么臭架子”的逆反想法。这种忽略回应所造成的影响和隔阂，实际上比我们所能想象的还要深远、严重。

“张先生！张先生！张—先—生—！”有些人对于他人的呼唤不应不答，而采取“以行动证明一切”的态度，默不作声地突然出现。“我在叫你，你没听见吗？”“我这不是来了吗！”这种态度实在值得这位张先生好好地检讨检讨，既然自己听到别人的呼唤了，却不理不睬，这不是明明白白地告诉别人，不愿意搭理打招呼的人而采取的消极态度，即便被认为是一种排斥行为，也合情合理。

另外，和朋友交谈的时候一定要集中注意力。有的人一会儿翻手中文件，一会看手机短信，这样朋友会认为你对他的事儿一点都不关心，也就感到没有倾诉的必要，这对朋友是一个打击。聆听时，所做出的反应，往往表现在表情上，如朋友向你倾诉的是他的喜事，你的表情为惊奇、微笑等，这样朋友会感到你在分享他的快乐；如朋友向你倾诉的是烦恼的事情，你的眼神表现出的是同情，并频频点头表示理解，这样朋友会像泉水喷涌般地把要谈的话倾诉给你，从而情绪得到宣泄。加之，你在聆听之后，如是喜事，表示祝贺；如是烦恼之事，加以劝解，这样，你就出色地完成了任务，朋友也会满意而归。

朋友找你倾诉，实在是你的荣幸，你应该全力以赴做好。现在有许多直拨热线，这种形式很受听众的欢迎，效果不错，给一些听众特别是给那些在生活工作中遇到困难和挫折的听众提供了倾诉的机会。听众在心理上把节目主持人当成了知心朋友，有什么困难，有什么知心话儿愿意通过热线向主持人倾诉，有的希望从中得到慰藉，有的希望从中重新燃起生活的勇气……对主持人提出了更高的要求，必须有渊博的知识和高超的谈话技巧。倾诉人虽然看不到主持人的表情，但主持人须通过应答来体现“聆听”，如果倾诉人说了半天，而你一点反应也没有，恐怕你的主持艺术值得怀疑了。

还有一种情况，倾诉人很想向你倾诉，可有时苦于无从开口，那你就应开导他，为他创造一个轻松的谈话环境。正如韩非子所说：如果要听对方的意见，应该以轻松的态度来交谈。我们可以从旁引导，让对方有多开口说话的机会，对方肯定说出他的意见，我们就能根据他的意见，去分析透视他的心意。我们要做的是让朋友痛痛快快地把话说出来，因此必要时，我们应先开口把对方诱导到知无不言、言无不尽的境地。

一定要记住别人的名字

对我们多数人来说，别人的名字是无关紧要的，因此也不会去记住别人的名字，当然也就很容易忘掉别人的名字。不少人以为，这是很正常而且是理所当然的事。多数人觉得，为了记住一个人的名字而煞费精神是一种精力的浪费，实在划不来。

以前，我也曾作如是想，认为别人的名字，对自己没什么用处。然而生活一次又一次地告诉我，记住别人的名字，是何等重要的一件事。

让我们想想，多数人对他人的名字毫不关心，但是一提到自己的名字，却是十分地关心。

当我们到名山大川、古迹胜地去旅行时，经常可以看到树干上、石块上，甚至是墙壁上刻有许多人的名字。这种现象说明了人们对自己的名字是如何的喜好。捐款给寺庙之人，他们的名字都会按着捐款金额的多寡顺序刻在捐献物上，多数人不堪忍受自己的名字敬陪末席，所以便打肿脸充胖子，多捐一些钱，就为让自己的名字排在前面一点。这也说明了人们对自己的名字是何等的关心与在意。

如果有人认为名字只不过是一种代表符号而已，不值得重视，那么我们不妨回想一下，当你向报刊杂志投稿时，你一拿到这些报刊，最先寻找的是不是自己的名字？就算你的名字是以极小的铅字排印出来，需用放大镜才能找到，你也不会放过，甚至会极其珍惜地把它剪存起来。这实在是一个不可思议的事。我们对于自己名字的爱恋和关心，不独是有生之年，就是在我们颐养天年之后，还要在墓碑上刻下自己的名字。

如果有人把你的名字写在地上，或有人践踏了写着你名字的一张纸，你是否会勃然大怒或心生不快呢？

由上述的事例，我们设身处地地想想：记住他人的名字，并且很亲切地招呼他，不但能表示你对他关心的程度，而且也会有令对方感到喜悦及被重视的感觉。

对任何人来说，与自己关系最密切的，莫过于自己的名字。因此世界上最重要的语言文字，也就是自己的名字。如果别人忘掉了你的名字，那该是多么令人不快的一件事。对那善忘的人，你又怎么能产生亲切的好感呢？

"你好！很久不见，你上哪去？"

有人如此向你打招呼，你当然十分高兴。但是如果他接着问："对了！你贵姓是……"

这是一件多么令人扫兴的事，刚才的喜悦顷刻变成了一肚子的气愤，心里难免会想：这家伙真可恶，连人家的名字都忘了，还说什么好久不见。

周恩来能叫出几十年前相识者的姓名。他可以说是记人名的专家。1971 年 4 月的一天下午，当时闻名中外的"乒乓外交"在总理的安排下，紧张而又热烈地进行着。这天下午，周恩来面带微笑地在人民大会堂东大厅会见美国乒乓球代表团。随团采访的美联社驻东京记者罗德里克在周恩来总理来到美国代表团座席跟前时，耍了一个花招，以一种弯腰的姿势，有意识引起周恩来注意。罗德里克在 20 世纪 40 年代访问延安时，曾与周恩来见过面。

素以惊人的记忆力著称的周恩来，马上认出了罗德里克，走过去首先跟罗德里克握手："这不是罗德里克先生吗？我们好久没见面了。"

两人紧紧地握手。56 岁的罗德里克为周恩来相隔多年还认识自己并十分准确地叫出他的名字而非常感动，紧握着周总理的手直摇。周总理盯着他："我记得你在 1946 年访问延安时，还是个青年……"这一会见小花絮，后来被罗德里克等西方记者渲染得全球皆知。

美国的钢铁大王卡内基，从小就显示出其组织、领导才能。十岁时，他就懂得一个人的名字与他自己有着微妙而不寻常的关系。他便用人们的这种心理，获得很多人的协助，而成就了不凡的事业。下面的故事便是其中的一则：

少年时代的卡内基，有一天抓到了一只母兔，不久便生了一窝小兔子，饲料因而不够食用。卡内基如何处理呢？他一点也不头痛，他的脑海里早有了很美妙的构想。他把邻近的孩子们集合起来宣布：谁能拔最多的草来喂小兔子，就以他的名字给小兔子命名，于是孩子们都争先恐后地为小兔子寻找饲料，卡内基的计划顺利地实现了，他始终没有忘记这一次的成功。

终其一生，他就是利用人们的这种心理而成功地领导着许许多多的人。

不仅是钢铁大王卡内基，凡是功成名就的人，都知道记住别人的名字，将会给自己的人生带来莫大的助益。他们了解，掌握人心之法并不在于很深的理论，而在于记住别人的名字，并且亲切地招呼，如此而已。

上海外滩闹市区，有一家餐馆，每天顾客盈门，座无虚席。有一天，一位记者光顾了那家餐馆，问道：

“你们的生意如此兴隆，是不是有什么秘诀呢？”

这家个体餐馆的女老板说：

“记住客人的名字，客人一进门，马上叫出他的名字！”

就是这么简单的一句话，女主人却费了一番苦心。因为她了解名字对一个人而言，是多么悦耳的声音，所以她一直未曾忽略记住别人名字的努力，只要是常来的主顾，她就一定要设法记住他们的名字。她经营的餐馆，也因此而办得日益红火。

作为一家餐馆，每天顾客熙来攘往。要牢记每个顾客的名字，实非易事。女老板是如何努力做到这件事的呢？

她向所有第一次光顾的客人索取名片，然后在名片的背后。记载此人的容貌、特征，以及某月某日和哪一位客人来店的简单事项。待餐馆打烊后，女老板再把名片一张张地审视，在脑海中努力地把客人的名字与容貌联系起来。如此地日积月累，凡是第二次上门的客人，她大都能立即喊出他们的名字，这样一来，往往使顾客感到又惊又喜，心里出现一种暖洋洋的感觉。以后有机会，便会再次光顾。

迅速而正确地喊出别人的名字，正表示出你对他的关心是多么深切。被我们所关怀的人的名字当然不会忘记，越不被关心的人，他的名字就越容易忘掉，所以当我们忘了一个人的名字时，就等于坦白地表示：我毫不关心你。这时候，你再想用其他的言语来解释你的疏忽，都已为时晚矣！

多数人解释，他们实在太忙了，以至没有时间去记住他人的名字。这些全是借口。如果明白记住别人名字的重要性，就不会以此为理由。试想读书求学的时代，如果一位教你不久的老师，忽然叫出你的名字，那时你心中将是多么高兴！如果一位交往不深的人，突然在路旁喊你的名字，你对他的感情将会有什么变化呢？很亲切地说出别人的名字，将会消融彼此间的隔阂，就算只有一面之缘的人，也会让人亲切地觉得有如深交多年的老友！

把别人的事当作自己的事

任何一个人，都有他独特的优点，但若是在漠不关心就无法发现他人的任何优点，必须具有衷心真诚的关怀态度，才可能了解他人的长处，也才能欣然愉快地接受他人的优点。

记得一位处世大师曾在他的一本著作的前言中说过这样一段话：希望获得别人的喜爱，其实不必特地阅读此书，只要向世界上最优于此道的高手学习就可以了。这位高手是谁？每天我们都能在街头巷尾遇到这位高手，我们经过时，它就会向你摇头摆尾，当我们停下来，摸摸它的头，它更是不顾一切似的，对你表示友善。它并不是有什么阴谋才做如此亲热的表示，它并不是想把土地或房子卖给你，也不想要你向它求婚，它连一丝野心都没有。狗儿们未曾读过心理学，却凭着它们不可思议的本能而获悉：与其千方百计地引人关心，不如对别人寄以纯粹的关心，如此才能获得更多的知己。请允许我再重复一遍："要想获得别人的友情，与其引起他的关心，不如对他人寄予纯粹的关心……"

这一段话发人深省，我们从中可以学到一点：世界上大多数的人，为了获得别人的喜爱而做了错误的努力，然而他们并没有发现自己的错误。从根本上来说，人类在努力希望别人喜爱他之前，应该先努力地去喜欢别人。

"为什么别人会讨厌我？"在如此叹息之前，你实在应该先反省："我是不是讨厌别人？"凡是不关心别人的人，别人自然不会关心他。因此他就只能拥有孤寂冷漠的人生。不仅如此，他还会给别人带来许多的麻烦，令人不愉快。

我们常说，只要看看他的作品，就知道作者是否具有爱人的胸襟。对于人类抱有深切关怀的人，他的作品，每一个篇章都必定能打动读者的心弦，字里行间自然地流露出无尽的爱。我们可以透过作品感受到作者温暖的心怀，进而对他产生一股仰慕之情。如果是一位讨厌大众的作者，无论如何，我们也不会喜欢他的作品。

说话和写作道理相同，如果我们所说的话是表示对对方无限的关怀，相信这一段话一定能打动听者的心弦。至于说话的巧拙，倒在其次了。说话的人不论是如何的伶牙利齿，说得头头是道，但却不表示对对方的关心，那么对方也不会关心你说的话。我们仔细想想，自己寄予无限善意关心的人，是以何种态度来回报我们？再想想，自己毫不关心的人，又是以何种态度来对待我们呢？

有时候单位的同事到美发厅新烫了头发，的确是容光焕发，年轻了不少，但是作为同事却一点也没有注意，或是看到了，却全然无动于衷。同事问：

“你看我的这个新发型如何？”

这时候，作为同事的你，对他的发型不一定有何看法，也许你会说：“原来你又到美发厅去了，花了多少钱啊？”

说出这种话该是多么令人扫兴，这叫作完全以自我为中心的关心表示法，是很不得人心的。在现实生活中，你可千万别这样说话。

种种研究表明，成功的关键在于，只要我们表示由衷的关心，再忙碌的人也会注意到我们，肯为你花费宝贵的时间，善意地与我们合作。

卡耐基把曾经与自己有过一面之交的人的生日，记载在一本小册子里，每当新年换日历时，就把那些人的生日转记在桌历上，当这些人过生日时，都会获得他的热情贺电。他说过：“曾经有许多次，全世界只有我一个人记得某人的生日。”这是一种非常有效的获得友谊的办法。我们都可以立即学习运用，任何人都可以循此办法而获得别人的喜爱。

表示关心的方法非常多，但是说一句充满关怀之意的话语，往往是最直接有效的。绝对没有不吸引人的道理。我们必须认真而诚意地思考，应该关心别人什么呢？当你的朋友系了一条漂亮的领带，关心可从他的领带说起，只要你说："哦！你今天系的这条领带蛮洒脱的！"对方一定会得意而满足地说："我的眼光不错吧！"

我们都不喜欢和自己所讨厌的人打交道，举个最浅显的例子：如果我们居住地邻近便利店的营业员，待客不诚恳，我们便宁可多走一段路，到较远的便利店去买东西。由此看来，我们与别人相处成功与否的关键，在于获得别人的喜欢，那么第一阶段的先决条件，就是如何对别人表示温暖的关心。

如此去做，你的同事一定会对你平添几分好感，也会很愿意听你把所要说的话说下去。因此，大多数处世的老手，都很乐意为同事和朋友做些零碎的事，从而博得对方的好感，一旦建立起良好的关系，就是长久友好相处也绝对不成问题，这种情形并不限于同事朋友间，在社会生活的每个角落，与所有的人接触，都是如此。

卡内基说“对于向我们表示关心的人，我们一样抱有同等的关心。”

我们应该深刻细致地思考这句话的含义，如果希望别人喜欢你，你就必须对人寄以真诚的关心。

举止要恰到好处

在商务社交时如果能做到恰到好处的举止，将有助于你更好地与人沟通，促成生意。如何才能做到你的一举一动恰到好处呢？以下要诀供你参考：

1. 手的动作

推销员在推销时，肢体语言中手的作用最为重要，若能善于利用手势，则必能提高推销的效果。

多数推销员向客户做说明时，皆以手背朝上的姿势指引客户观看目录或说明书，这种手势相当不妥，因为这样做就好像有所隐瞒。对推销员来说，给对方看手掌就表示坦白，因此，手指目录或说明书时，应当手掌朝上方为正确。而如果指小的东西或细微之处，就用食指指出，且亦手掌朝上较好。

此外，为客户带路时，要说："请这边走。"指远处时，就说："在那一边。"另外，在商谈中，如果对方说："喂，别那么小气，打五折嘛！"你回答："那怎么行，要是这种价钱干脆我向你买好了！"也是张开双手给对方看。同时做到：拇指轻轻向内弯曲，以整个身体说话。眼睛视线向下，或东张西望都是很失礼的行为，正确的方法是：与男性商谈时，视线的焦点要放在对方的鼻子附近；如果对方是已婚女性，就注视对方的嘴巴；如果是未婚小姐，则看着对方的下巴。视线范围亦可扩大至对方的耳朵及领结附近。聆听或说话时，可偶尔注视对方的眼睛。若把自己双眼视线放在对方的一只眼睛上，就会使对方产生柔和的感觉。

2. 坐有坐相

当客户请你坐椅子时，记得要先说一句：谢谢！再坐下。坐椅子时，要坐满整个椅面，但背部不可靠着椅背，应采取稍微前倾的姿势。如此坐法是为了将身体向前倾，以表示对谈话内容的肯定，另一方面能起到催眠的作用，让买方下决心与你签约成交。膝盖张开约一个拳头的距离，切勿像女性一般将双腿并拢。坐沙发时，要坐前一点，不可靠着沙发背，且身体须稍微前倾。如果靠住椅背，身体就会向后倾斜，致使下巴抬高，如此便易于让对方看出自己的想法，应多加注意。

3. 站有站相

立正时，把脚交叉在前，轻轻握拳于体侧，或双手交叉在背后双脚平行地分立等，这些都不是立正的正确方法。此外，立正的时候，紧张且用力地缩紧下巴也不好，那么，下巴究竟要缩紧多少才好呢？欲做此判断只需使视线成水平直线即可。

4. 与客户的距离

与人进行商谈时，双方应保持多少距离才是最佳的呢？双方均站着时，保持彼此都伸出胳臂能碰触的距离即可。对方若坐着，就要比双方都站立时接近约半条手臂的距离。双方均坐着而无桌子间隔时，可以接近至大约一条手臂的距离。与对方之间有桌子间隔时，如果是个大桌子，在桌子和对方之间，可接近至一个拳头的距离。在大桌子上向对方展示说明书或商品目录时，要将这些东西拿到对方易于阅览的地方，若有必要则须以半起的姿势欠身向对方做说明。

在结束商谈的最后阶段或做特别请求时，要起身接近对方至彼此脸的距离50厘米的地方，看着对方的眼睛说话。

5. 名片的递交法

初次见面，互通姓名后接着就是交换名片，下列各点即为交换名片时所应注意的事项。名片夹因为可使用很久，所以尽量购买品质良好的。切勿将名片放入或夹进车票夹、小笔记本中。名片夹要放置于西服上衣内袋，而非裤子口袋。彼此交换名片时，左手递上自己的名片，然后右手收取对方名片。坐在椅子上时，要把对方名片端庄地放在自己名片夹内。不易念的姓名要向对方问清楚。对方有两个人以上时，可将名片按照顺序排好，再按顺序商谈。结束商谈后将置于桌上的名片收起，向对方轻轻点头致意后告辞。

九种不受欢迎的人

在社交场合，有一些人是被列入不受欢迎名单的。他们要么呆板无趣，要么惹人厌恶，要么有着这样那样的坏习惯，这些都会成为经营朋友的阻碍。

1. 死板、性格不开朗

性格不开朗的人让人觉得死气沉沉，没有朝气，一副阴郁的样子。客户一看就扫兴，心情也会随之阴郁起来，在这种心理状态下，他是不会产生买你商品的念头的。在开拓市场过程中，面对众多客户往往要做多遍自我介绍，在这种情况下，客户会厌恶地说："又是这小子，像人欠他多少钱似的。"阴郁性格的人，在生意场中是不受欢迎的。

2. 过于拘谨

过于拘谨虽算不上是什么令人讨厌的缺点，但在当今激烈的市场竞争中，它也绝不是什么优秀的品质。这种人往往会引起客户的不信任或瞧不起，因此很难把事业发展得很好。

3. 轻率

说话太轻率的人，各种话语随口而出，是很容易出差错的。因为这种人话说出口时，自己往往也心中无数。因此，说话时心中应有准备，不能信口开河，胡说八道。

4. 老奸巨猾

有的人初见面就给人一种老奸巨猾的感觉。眼皮向上翻、皮笑肉不笑、点头哈腰、夸夸其谈等均在其列。也许实际接触一段时间之后，上述印象就消除了，觉得这个人挺诚实。但是消除误解需要不少时间，在这段时间里，损失已经不少了。因此，为了不引起对方的误解，在举止方面一定要多加注意才好。

5. 皱眉头

现实生活中爱皱眉头的人很多，这种人让人一见就心里不舒服，这个习惯可以说是生意场上的一个大忌讳，因此一定要革除。如果要纠正的话，你必须时时刻刻提醒自己舒展眉头，即使在紧张或生气的情况下，也要强迫自己不皱眉头。

6. 傲慢

有的年轻人，因自己事业已有小成而自鸣得意，因此，在对待一些中小客户时，说话随意，总想显现出自己比对方优越。但这样只会伤害客户的自尊心，而影响自己的事业。

7. 见面熟

有的人初次与人接触，就像遇上多年没见面的老朋友一样，非常热乎。其中一些人，还自以为这是交际特技而扬扬得意。但是，在一般情况下对方对此却有种说不出的感受，会对你存有戒心，使你达不到预期的目的。尤其在不了解对方脾气的情况下更是如此。不过，这也有例外，对于那些自来熟的客户，在他能够接受的范围内，见面熟就可作为武器而获得成功。

8. 好色

说话风趣是一种有效的交际手段，但是过分了对方就会怀疑你的人品了。描述男女关系方面的话说得很露骨，每逢访问聊天时老谈色情没完没了，看到异性就凑近动手动脚，都属令人憎恶的不良习惯。

9. 说话小声小气、口齿模糊不清

有的人说话声音太小，像蚊子叫，说出的话对别人没有一点感染力。这样的人，往往很难让人提起与他交谈的兴趣。在与人交往时，应养成大声说话的习惯，给人留下自信、开朗的好印象。当然，不能矫枉过正，变成大吼大叫。

维系朋友关系的秘诀

与你的朋友圈子保持联络的好方法主要有下面几种：

1. 寄贺卡要有创意

寄生日卡及纪念卡是对的，但还要知道其他一些对你朋友圈子成员具有特殊意义的日子。比如生日、结婚纪念日等。

美国喜剧演员雷·伯顿寄出的圣诞卡就不一样。伯顿的贺卡总是别具一格，他决不说陈腔滥调的客套话，他写的话十分切中要点，也能正确提及收件者与他最近一次联系的时间。

他怎么可能在几个月后，还可以将日期与谈话内容记得如此一清二楚呢？他真有这么好的记忆力吗？不是的，他的秘诀是不管何时，只要他一遇见某个人，他就立即写好卡片和信，然后收藏起来，等到圣诞节来临时再寄出去。多年来他都用同样的方法，从未被人识破。

绝对不要低估一张简单感谢卡的力量。小事情代表着大智慧。

2. 注意重要的社区活动

你可以参加社区活动或者朋友聚会来保持联络。不妨多做一些慈善活动。比如给红十字会义务献血，给希望工程捐款，资助失学儿童，参加义工活动。

顺带一提，每当你捐款给一个机构或某项活动时，有一句老话是这么流传的：经手的人越多，知道的人也越多。

3. 观察组织 / 个人 / 公司的改变

当地的报纸杂志都会报道重要聘任及升迁的商业信息。如果你的网络朋友出现在名单上，你应该亲手写张卡片或打一通电话给对方，对他的升迁表示祝贺。或者你也可以更富创意，比方说送一本个性化的袖珍手册，上面有你做的剪报。

4. 利用网络联系

E-mail 和电话一样，已成为做生意的一部分。当你的朋友圈子成员拥有电子邮箱时，寄封电子邮件以表示你们是彼此电子网络的一部分。、

5. 努力搜集对顾客有帮助的资讯

你只需充分注意网络朋友的兴趣及嗜好，偶尔剪下一篇文章，或一句可能会吸引他们的句子。他们会对你印象深刻。

6. 建设性地运用你的中途停留时间

你的朋友圈子中通常都会有一些活跃的成员与你几年没见面。如果你踏进他们的地盘，千万别忘了他们，即使你只是在机场中途停留，无法亲自拜访或请他们吃顿饭。设想周到一点，打个电话给他们。

下次当你要到外地出差，而且已经询问过你的网络朋友“哪一家餐厅好吃？”的时候，记得把菜单带回来送给你询问过的人。在这种时候，可以附带一句：“你的建议太棒了，那一家的东西好吃得不得了……”而且当你要走时，还可以补充说：“酒保说他记得你。”

记得把你出差时所到的城市的报纸带回来给那位你要拜访的网络朋友。

7. 帮忙调解冲突

在你的朋友圈子中是否有人彼此不和？你可以当和事佬，帮他们解决问题。如果你解决问题的结果对双方都有利，他们会感谢你。但这也是一个高风险的方法。因为你处理得不好，他们其中一人，甚至两个人，很有可能会转过来责怪你。

8. 得意时，失意时，都要记得打电话

你的朋友圈子中有人刚失业，现在正是你提供帮助，建立新关系的时候。送花给住院的人是适当的做法。送一顿热腾腾的餐点给家中有人刚出院的同事或员工，则显得特别周到，而且是表示关心的一种很特殊的方式。当你需要帮助时，

只要拥有一个你曾经给予过帮助的人的朋友圈子，就能够减轻重担。一旦你习惯去帮助别人，即使不求任何回报，心里也会感到十分满足。

9. 报告你的任何重要改变

你升迁了，你换工作了，你搬家了，你换手机号了……记得告诉你的朋友。他会觉得你很重视他。

10. 亲自到场

当然，你可以错过一场婚礼，等事后再弥补，但奉劝你别这么做。在婚礼、毕业典礼、表演、音乐会，及大型颁奖典礼上，人们永远会记住谁到场，而谁没有到。如果你是老板，你要把员工的生日当成一件大事，你一定要参加员工的生日，陪他们一起切蛋糕，一起许愿。

第六章

圆融处世，选择“以和为贵”

一个人棱角分明没有错，但如果没有那圆而通的处世方式，根本无法聚拢四通八达的朋友资源。唯有行得方圆之道，友谊大树才能枝叶茂盛，那么成功也就一定指日可待。

幽默是最好的润滑剂

生活中的幽默必不可少，它是你与人交往的有力武器。恰到好处的幽默可以松弛紧张的情绪，也可以自我解嘲，找到适当的台阶下。

幽默这个词是从外国引进的，将 humor 译为“幽默”的国学大师林语堂先生，生前有一次乘船旅行，在船上看到一个外国人正在看他所写的那本英文版的《生活的艺术》，那老外见林语堂身着大褂，以为是个乡巴佬，就鄙夷地对林语堂说：“老兄，你看得懂吗？”林语堂不疾不徐地用英语对他说：“虽然我看不懂，但是这本书却是我写的。”说罢掉头就走，老外一脸愕然。

歌德是世界著名的大文学家，有一天他到公园散步。迎面走来一位曾经对他的作品提出过尖锐批评的批评家。这位批评家站在歌德面前高声喊道：“我从来不给傻子让路！”歌德却答道：“而我正相反！”一边说，一边满面笑容地让在一旁。不论是林语堂也好，歌德也罢，他们的幽默无疑避免了一场无谓的争吵，同时也消除了自己的恼怒，充分显示了他们的心胸和气量。由此看来，幽默不仅可以带来欢笑和快乐，还可以消除尴尬的场面。

林肯当总统时，有一个从俄亥俄州来的人拜访他，正好有一队士兵停在门外，等候林肯训话。林肯请这位朋友随他一起外出，并在路上继续和他密谈。但是，当他们走到回廊上时，士兵们突然齐声欢呼起来。这时候，那位朋友如果聪明的话，便应该马上识趣地退开，但是他并没有这样做，而是继续和林肯并肩走在一起。

这时候，一位副官走到那人面前，嘱咐他退后几步，他这时才发现自己的失态，窘得满脸通红。但是，林肯却立即微笑说：“白兰德先生，你得知道他们也许分辨不出谁是总统呢!”在那难堪的一瞬间，林肯用他的幽默化解了这一窘迫的局面。

其实，每个人都可以变得幽默，它不是天才、高智商者、喜剧演员的专利品。只要你常看一些笑话故事、歇后语，学习让嘴角向上翘，换个新鲜角度欣赏事物，必能找到幽默，学会幽默。

做愉快的事，说愉快的话，就会把欢乐散布到四周。如果你为别人做了一件好事，那么你也治愈了自己，因为欢乐是一剂精神良方，能超越一切障碍，也会伴你事业成功。

幽默虽好，但用好，要掌握一定的技巧：

1. 幽默不要随便使用

幽默并不是随时随地都可以运用的，应在某些特定的场合和条件下发挥幽默。例如，在一个正式的会议上，当别人发言时，你突然冒出一两句逗人的话，也许大家都被你的幽默逗笑了，但发言的那个人会认为你不尊重他，对他的发言不感兴趣。

2. 幽默要高雅才好，不能低俗

在生活中，有不少人在开玩笑时往往把握不住分寸，结果弄得大家不欢而散，影响了彼此的感情。

3. 顺其自然，无须硬幽默

如果当时的条件并不具备，你却要尽力表现出幽默，其结果必定会适得其反，到底该不该笑一笑？这会令彼此陷入更尴尬的境地。

总之，幽默是一种优美的、健康的品质，恰到好处的幽默更是智慧的体现，当你掌握了幽默这门社会交往的艺术时，你会发现，它可以在商务谈判中让你与人愉快沟通，并能发挥想象不到的作用。

和批评你的人交朋友

朋友的重要意义我们一再强调，因为人的一生受到朋友的影响是相当大的。可以说，你身边有什么样的朋友，决定你有什么样的人生。有的人因为交对了朋友而获得成功，也有很多人因误交损友而失败，甚至因此倾家荡产，妻离子散。

有人说，害怕因为朋友的影响而导致自己失败，那我不交朋友总可以吧？事情并不是那么简单，错误的朋友固然会给我们的生活带来烦恼和风险，但是没有朋友，就会无路可走，寂寞一生了。即使一个人再怎么孤僻，不爱交友，哪怕他闭紧心扉，还是会有人来用力敲。在这个世界上，从来不缺少爱交朋友的人，只要你还在和人打交道，总有一些人带着各种目的来和你交往。

在这些人里面，有对的朋友，也有错的朋友，有真诚待人的，也有虚情假意的，就看我们是否修炼到家，能不能分辨出好朋友和坏朋友。所以说，人是社会性的动物，你总是要面对交朋友这个问题的。交到好的朋友，你可能会受益一生，得到无限的乐趣，至少不会受到伤害。但若交到不好的朋友，要想不走入歧途、不倒霉却是很难的。

俗话说，一样米饲百样人，生活中的人形形色色。人的性格不同，在对待朋友的态度上也有很多种类型。有每天说好话给你听的；有看到你不对就批评、指责你的；有热情如火、喜欢奉献的；有冷漠如冰、只考虑个人利益的；有憨厚的；有狡诈使坏的……在我们的一生中，总会遇到各式各样的人，各式各样的事。

面对这么多类型的朋友，好坏很难分辨，而当你发现他不好时，常常为时晚矣，因此平时的交往经验极为重要。只有接触过不同的人，我们才能知道哪些朋友是值得交往的，哪些人只会浪费自己的感情和时间。不过有一种类型的朋友肯定是值得交往的，那就是会批评、指责你的朋友。

人的本性是喜欢听好话的，对于批评的话总是敬而远之。于是，和只会说好话的朋友比起来，那些只知道批评、指责你的朋友是令人讨厌的。和这样的人交往，你总会郁闷地发现，他们说的话，都是你不喜欢听的话。当你把自认为得意的事向他说，他偏偏泼你冷水；你把满腹的理想、计划对他说，他却毫不留情地指出其中的问题，有时甚至不分青红皂白地就把你做人做事的缺点数落一顿……反正，从他嘴里听不到一句好话，这种人要想不让人讨厌也挺难的。

但是遇到这种朋友，如果你放弃，那就太可惜了。因为现在的社会，能遇到一个真心给你提意见的人实在是难能可贵。大凡在社会上做过事的人都会变得圆滑，能不得罪人尽量不得罪人。他们信奉的处事原则是，宁可说好听的话让人高兴，也不说难听的话让人讨厌。

当然，只喜欢说好听的话的人不一定是坏人，他们只是习惯了而已。只不过这些人在看到你的问题时，是喜欢闭上一只眼睛的。因为如果他们把这些问题指出来，只会让你不高兴，何必惹人讨厌呢？所以他们选择好听的来说，也无可厚非。但如果站在朋友的立场，只说好听的话，就失去了做朋友的义务了；明明知道你有缺点而不去说，这算是什么朋友呢？如果还进一步赞扬你的缺点，则更是别有居心了。这种朋友就算不害你，对你也没有任何好处，大可不必浪费时间和这样的人交往。

虽然很多人都明白这个道理，但实际上的情形如何呢？很多人碰到光说好话的朋友便乐陶陶，不知是非了；其实他们顺着你的意思说话，让你高兴，为的就是你的资源，你的可以利用的价值。很多人被朋友拖累就是这个原因。

相比之下，那些看起来似乎让你讨厌，说话心直口快，光说难听话的朋友就真实多了。这种人绝对无求于你（不挨你骂，不失去你这个朋友就很不错了），他的出发点是为你好，这种朋友才是你真正的朋友。

也许你不相信，那么想想父母是怎样对待子女的。一般父母碰到子女有什么不对，总是责之、骂之，子女有什么“雄心壮志”，也总是想办法替他踩踩刹车，不让他脱缰而去。为的是什么？是为子女好，怕子女受到伤害。这是为人父母的真情，只有父母才会这么做。

朋友的心情也是如此的，爱之深才会责之切，否则他为何要惹你讨厌？说些好听的话，说不定你还会给他许多好处呢。因此，要牢记，只有那些经常批评、指责你的人才是你人生的导师。

处事圆通才能财源广进

要成就大事，必须要先学会做人；而学会做人，即是擅长在交往中积累自己的朋友资源。如果能做到圆通有术，左右逢源，进退自如，行得方圆之道，朋友大树枝叶茂盛，那么成功就一定指日可待。

胡雪岩就是一个这样的人，在晚清弥乱的局势中立足脚跟，在商业上盛极一时。纵观胡雪岩的一生，其成功之处可认为是在为人处世上，他能处于乱世之中，方圆皆用，刚柔并济，知道如何积累朋友资源，并利用它为自己的商业做铺垫。

1. 得到民心，赚钱就会很容易

胡雪岩觉得，如果钱只是集中在富人手中，市面就流通不起来；而且，过富必遭人妒。贫富差距拉得越大，富人就越危险，在饥民暴动的情况下，富人是没有好日子可以过的。

胡雪岩刚开始创办庆余堂，并没有谋划赚钱，后来由于药材地道、成药灵验、营业鼎盛，才无心插柳柳成荫。但赚来的钱除了转为资本，扩大庆余堂的规模以外，他平时对贫民乐善好施，历次水旱灾荒、疫病流行都贡献出大批成药，全部都是从盈余上开支，胡雪岩从来没有动过庆余堂的一文钱。

庆余堂的伙计们都有一致的看法：胡雪岩种下了善因，一定会结得善果，他暂时垮下去了，但迟早会再爬起来。因此，所有员工们在胡雪岩潦倒的时候，都像往常一样，一如既往地去店里上班，维持店面的正常运营。这是胡雪岩性子里“圆”的一个方面，对百姓行大“善”，而自己最终是最大的赢家。

胡雪岩正是具备了这种济世救人的天性，加上他不同寻常的悟性，从而在官商两道左右逢源。

2. 圆才能通

人往高处走，水往低处流。人本身和自然万物就是不通的，凡事都是人做出来的，不通之处，总会有办法让它通畅。

不论是对抢了自己生意的龚氏父子，还是对欺行霸市的苏州永兴盛钱庄，抑或是对已经破坏了自己利益的代办朱福年，胡雪岩对他们的回击都很有力。但不管什么时候他都恪守一条原则，那就是：总要给对方留条后路。

圆而通是胡雪岩为人处世的最好概括。

这里所说的圆就是圆通、圆活、圆融、圆满，围绕着这一个“圆”字，做足了通、活、融、满，一个喜气洋洋的大善人富商的形象便呼之欲出了。

大家怎样说，我就怎样说；大家怎样做，我就怎样做。洞悉了人心的喜怒哀乐，顺从了人们的爱憎善恶。做到这两个方面，万事无不成功，人心无不赢得。

胡雪岩圆而通的处世学问，深谙中国传统儒家为人处世之个中三昧，因此在复杂的社会及商务活动中左右逢源。所以，胡雪岩的飞黄腾达也就水到渠成了。

3. 拥有审时度势的独到眼光，深悟世道的通变之理，擅长在乱世之中“变”

这里的意思倒不是说胡雪岩有异于常人的眼光，在之前就有了一个特殊的筹划。与当时所有的中国人一样，胡雪岩对这种纷乱局势的认识也是循序渐进的。当他刚和洋人接触时，他脑海中的洋人同样非常神秘、新奇。

但是随着交往次数的频繁，他渐渐感觉到洋人也不过是利之所趋，因此只可使由之，切忌放纵之，及至于发展到互惠互利，其间的过程是逐渐变化的。

但胡雪岩确实拥有一个天生的优势，就是对整个时局具有先人一步的判断和把握，因此能先于别人筹划出应对措施。占了这一先机，胡雪岩就可以开风气、占天时、享地利，逐一己之利。

胡雪岩由于占了先机，所以经常能够先人一着，从容不迫地应对。每每和纷乱时事中茫然无措的人们相比照，胡雪岩的优势便凸显出来。

胡雪岩在人们的脑海中，最大的特点就是“官商”，也就是人们所谓的“红顶商人”。这“红顶”具有很强的象征意义，因为它是朝廷特地赏给他的。戴上它，就说明胡雪岩受到了皇帝的恩宠。实际上，它同时也标志着，皇帝认同了胡雪岩所从事商业活动的合法性。既然皇帝的权力是至高无上的，皇帝所赞许的人自然也不应受到限制。从另一个角度出发来看，皇权的至高无上也保证了被保护人的信誉，因此王公大臣才能很放心地把大把银子存入故胡雪岩的阜康钱庄。

胡雪岩一方面赢得了信用，另一方面也清除了在封建时代无所不在的对商人的干预。因此，才能让他如同一个真正的商人那样从事商业活动。

照胡雪岩的说法，就是商人对客户讲诚信，官府对朝廷讲忠心。商人只需要让自己对客户说话算数；官府只需关心自己做事是否对得起朝廷。两者对象不一样，原则自然不同，如果各行其是，各司其职，那么整个社会便井井有条。否则就只会增加灾难，而没有任何的好处。

胡雪岩这些超乎常人的素质，使他被大家定位成一个传统文化意义上的哲商。他在做生意的过程中不断感悟，不断升华，他的智慧和商业活动也就不断走向一个炉火纯青的境界。而这一切正是他对人性有自己独特的见解、善于积累朋友关系的结果。如果没有那圆而通的处世方式，就不存在四通八达的朋友资源。

为人处世应留有余地

常言道“处事须留余地，责善切戒尽言”。人生在世，切忌使某一事物沿着一条固定的轨迹走向极端，而应在前进的过程中充分判断其各种可能性，以便有足够的时间和回旋的余地来采取机动的应付措施。

处世小心，临事不乱，是一种比较谨慎的态度，叫作三思而后行，这是非常有必要的。但要做好却是很难的。个性比较强的人，容易动怒，意气用事，虽清楚要谨慎，却管不住自己，最终使自己的言行变得冲动、冒失。而个性太过软弱的人，又容易过分自卑，言行显得怯懦、迟缓。但在强烈的功利驱使之下，不管强者与弱者，都极易一改本性，成为冒失鬼，最终难免失败。因此，做到谨慎，重要的是把握每件事情的度，要给自己留有回旋的余地。

看待一件事、一个人、应当切合实际，能从好坏两个方面同时分析，不能感情用事。喜欢起来，什么都是好的，讨厌起来，一无是处。如果暂时没有吃亏，将来必然会明白祸从口出。把握好说话的分寸，给自己留有一定的余地，则自己才能进退自如。

王兵和同事因为某些鸡毛蒜皮的小事而吵嘴，弄得俩人很不融洽，王兵向他的同事倾诉：“从今天起，我们断绝一切关系，彼此毫无关联……”说完话还没有两个月，他的同事就提拔成为他的上司，然而王兵因为当时说过的话，只好辞职另谋他就。

当然，状况并不局限于我说的这种。把话说满有时也有实际上的需要，但我觉得，除非一定需要，否则还是保留一点的好，既不招惹人，也避免自己日后陷入困境。

谨慎也当把握好度。做人不应事事当谨慎，是说谨慎到特殊情况当换一种形式，或叫果断，或叫灵活。

刘邦在项羽的鸿门宴上，被张良叫了出来，实际上已经脱离危险。如果想要履行礼节，回头向项羽、亚父告别，无异于自寻死路。这时，刘邦已经出门，就应该撒腿就跑，而为了礼数去辞行就是愚蠢。所以樊哙告诉他："大行不顾细谨，大礼不辞小让。"

初涉商海的人，都懂得"将本求利，能得大利，求其中利，留有余地"，拿捏住这个分寸，就是谨慎。有些大学生高考分数达到国家一本大学分数线了，在没有绝对把握录取的情况下，报名的志愿表上填个二本大学，以求万无一失，这也是谨慎。虽不能达到自己内心的最好效果，但却可避免失败的危险。

不管怎么说，谨慎，留有后路，不把话说满，不做极端的事，则随时都能够应付意外情况。因为对自己而言，山外有山，而于一件事情的发展，每个人都无法预料。所以，但凡做事就要有个度，这样会使你在人际交往中进退自如。

不要轻易与人争吵

不少人总是乐于和别人争论，以证明自己的正确和别人的错误，可是，争论最终达到这些目标了吗？十之八九，争论的结果会使对方比以前更相信自己是绝对正确。你要是争论输了，当然你就输了；如果赢了，你还是输了。因为你的胜利使对方的论点被攻击得千疮百孔，证明他一无是处，那又怎么样呢？你会觉得扬扬自得，而对方呢，会因你的正确或成功而自惭形秽，会认为你伤害了他的自尊心。因而，他即使口服，心里也并不服，反而怨恨你的胜利，记恨于你。

许多深谙人际交往之道的著名人士，都深深懂得这一道理。

美国历史上最伟大的人物之一本杰明·富兰克林说：“如果你老是抬杠、反驳，也许偶尔也能获胜；但那是空洞的胜利，因为你永远得不到对方的好感。”

美国历史上另一位最伟大的总统、最具个人魅力的人亚伯拉罕·林肯也教育他的下属军官：“任何决心有所成就的人，决不肯在私人争执上耗费时间。争执的后果不是我们所能承担得起的，因为其后果包括了发脾气，以及像酗酒者一样失去自制。要在跟别人拥有相等权力的事物上多让步一点，而在那些显然是你对的事情上就让步少一点。这就相当于，你在路上遇到一只恶犬，与其与狗争道，被它咬一口，倒不如让它先走。因为一旦被咬，就算宰了它，也治不好你被咬的伤。”

可是在现实生活中，喜欢执拗地与人争论的人却占绝大多数。

特别是有些人，喜欢抬杠，无论别人说什么，他总要加以反驳。你说是时，他一定要说不是；到你说不是时，他又说是了。这是最可怕的习惯，犯这种毛病的人很多，而且每每自己不知道。因为这些人不喜欢听取别人的意见，只瞧得起自己，认为自己比别人高明，事事要占上风。其实，即使真比别人高明，这种态度也是要不得的。

这种做法不为对方留一点余地，好像要把对方逼得无路可走，才觉得满意。也许你并没有想到这一层，但实际上你正在如此做。这种习惯会使你自绝一切的朋友和同事，没有一个人肯贡献你一点意见，更不敢向你进一步忠告了。也许你本来是一个很好的人，但不幸的是你有一点爱和人较劲的脾气，以致“众叛亲离”，成了“孤家寡人”，怎么办?

唯一的改善办法就是养成尊重别人的习惯。要知道，在日常的闲谈中，十有八九没有绝对是非的标准。你的意见不一定是对，而别人的意见不一定是错，把双方的总和再行分配，你至多只有一半正确的概率，而别人也一样。既然这样，你为什么每次都要反驳别人的意见呢? 所以，我们要尽量避免争吵。可是，怎样才能使我们交谈中的不同意见不至成为争论的起因和主题呢? 记住这句话，“当两个伙伴意见总是不同的时候，其中之一就不需要了”。如果有些地方你没有想到，而有人提出来的话，你就应该表示衷心的感谢。不同的意见，将会成为你避免重大错误的重要参考。

当有人提出不同意见的时候，你的第一反应自然是回击。所以，在回击之前，你要慎重考虑，并保持平静。你要小心你的直觉反应，它可能是你最差劲的地方，而不是最好的地方。

记住，你可以根据一个人在什么情况下会发脾气的情形，测定这个人的度量和成就究竟有多大。往往，脾气和后者是成反比的。

让你的反对者有说话的机会，让他们把话说完。不要抗争、防护或争辩，否则，只会增加彼此沟通的障碍。努力建立了解的桥梁，不要再加深误解。在你听完了反对者的话以后，首先去想你同意的意见，承认你的错误，并且老实地说出来，为你的错误道歉，这样可以有助于解除反对者的武装和减少他们的防卫。

同意要出自真心。有时，反对者的意见可能是对的，而同意考虑他们的意见就是比较明智的做法。如果等到反对者对你说：“我们早就已经告诉过你了，可是你就是不听。”那你就难堪了。

在行动之前，问问自己：反对者的意见，可不可能是对的？还是至少有部分是对的？他们的立场或理由是不是有道理？我的反应到底是在解决问题还是只不过减轻一下自己的挫折感？我的反应令我的反对者远离我，还是亲近我？我的反应会导致别人对我怎样的评价？我将胜利还是失败？如果我胜利了，我是否要付出什么样的代价？如果我不说话，不同的意见会消失，还是会更强烈？

最重要的是，记住提醒自己：从争论中获胜的唯一秘诀是避免争吵。

对待朋友心胸要开阔

要有开阔的心胸，也就是说面对朋友提出的意见和批评，要勇于接受。只有能听取别人的意见并改正的人，才能快速地成长。

如果你有开阔的胸襟，你便能拥有更多的好朋友。这个世界上不可能找到和你的个性、气质、爱好、性情和思想一模一样的人。我们无法评判一个人的性格是好还是坏，也不能因为一个人性格和自己不一样，就孤立甚至排斥这个人。人与人本来就是各自独立的个体，或许我们每个人都会有自己不喜欢、看不顺眼的人，很多年之后，也许他们反而会生活得更好。所以，我们通过人的性格去评判一个人是最笨的行为之一。

我们扩展自己的交际圈就是想为自己积累人脉资源，能够对自己的错误进行批评、给自己提出建议的朋友才是最值得珍惜的朋友。在结交朋友的时候，去结交那些能给你提建议的朋友，才是一个人成熟的表现。如果你知道怎么样、从什么地方去得到支持与建议，这将是你人生最大的收获，也是最能体现你才智的地方。

我们应该去哪找呢？其实就在你的身边。首先，是你的父母，因为父母才是孩子的启蒙老师，也是最合适的老师。他们不仅可以给你生活上的建议，比如提醒你早晚要刷牙，不要挑食，而且还能教给你最初的人生经验，我们的很多生活常识都是父母传授给我们的，尤其在你的幼年时期。其次，就是朋友，朋友对我们而言有多重要，每一个人应该都有深刻的体会，可以分担你不能告知父母的烦恼，可以和你一起分享欢乐，我们的成长过程总是离不开朋友的相伴。在我们成年后，还会遇到很多可以给我们提供帮助的人，比如律师、老师，还有亲戚、领导，可以是任何一个比我们年长、经验丰富、资源丰富的人。每当你多结交一个人，你就会有不同的体验，在交往过程中听到一些没有听过的新理念，说不定真的因此而有所启发，从此改变了你的人生。因此，你一定要时刻记着，良师益友可以多交，同时你也必须以开阔的胸襟对待每一个朋友。

别太急躁，修心养性沉住气

俗话说："心急吃不了热豆腐。"身在职场，做事切忌急躁。人一急躁必然就会不冷静，这样往往欲速而不达。因为一旦失去了冷静的判断力，就会无法深入地去研究、探讨事情发展的规律，差错自然就会变多。

小梅最近很苦恼，因为她总是得罪人。原因其实很简单，就是她的个性太急躁，做事总是不顾及别人的感受，结果就不知不觉得罪了很多同事。就像素素，本来素素和小梅的关系很不错，中午一起吃饭，有时周末还约着逛街。可是因为一件小事，素素却和小梅闹翻了。

原来上周五上午开过会以后，总编让素素和小梅负责去买一台彩色打印机放在编辑部，方便随时打印杂志的校样稿。素素刚好周五家里有事，就约小梅周六去买。小梅眉头一皱地说道："这不行吧，万一总编下午到编辑部没看到打印机，以为我们偷懒呢！"素素说："没事，反正最迟周一，他不会太在意的。"虽然小梅还是有点担心，可是看着素素着急的样子，小梅也只能无奈地答应了。

可是下午小梅待在办公室里却坐立难安，左思右想，还是决定自己一个人去把打印机给买回来算了。可是跑了几个地方，就是买不到总编指定的那个型号的打印机。小梅很着急，于是打了好几个电话给素素，问她该怎么办，并且催她过来一趟算了。素素开始还耐心地说没事，不会买不到的，后来索性就不想接电话了。可是小梅还是一个劲催她过来。没有办法，素素只好放下家中的事情赶了过去，在联系上厂家之后，不到一个小时打印机就送到了办公室。

小梅总算是放心了，可是素素的脸色却很不好，尤其是当得知总编下午去了广州出差之后，素素对小梅急躁的处事方法就更加有意见了。可是小梅却很委屈，她只是想早点完成上司交代的事情，可是却不小心得罪了同事，这真是太划不来了。

从小梅的例子可以看出，想做好事情就绝对不能急躁，要先查明事情的原因，才能对症下药的解决。聪明人做事，懂得把握时机，善于观察，等到时机成熟再一击即中。那怎样才能改掉“急躁处事”的坏习惯呢？

1. 修身养性防急躁

修身养性是一个避免和克服急躁情绪的好方法，可以训练自己做一些需要很大的细心、耐心和韧劲才能做好的事情，力图把自己的急躁性格磨慢。比如每天练字、经常钓鱼都是很不错的选择，只要持之以恒，都会有不错的效果。

2. 给目标的实现定一个合理的时间

为了避免不应有的急躁情绪的产生，每个人都应该为自己目标的实现定一个合理的时间。想要取得突出的成就，一蹴而就是不现实的，要做好长期奋斗的准备，不要急躁，辛勤耕耘，这样才能守得云开见月明。

3. 懂得未雨绸缪

在做各种工作之前，事先考虑一下有无导致急躁情绪的因素，提前采取措施防止它的产生。不要等急躁情绪产生之后，才去想如何去克服它，要懂得未雨绸缪。

4. 放慢处事的速度

在处事时间上，速度尽可能适当放缓，通过必要的推迟，进行深入的审视和研究，使事情的处理方式更为圆满。同时可以对自己进行适当的心理暗示，例如“这件事没那么着急”“急躁会坏事”等缓解急躁情绪。

换一种心态，人生自然不同

任何一个在事业上成功的人，遇事都能保持轻松从容的心态。成功的人在碰到逆境的时候，调整好心态，并随时准备着捕捉和发掘新机会，以及了解和对付新的问题。有时，换一种心态去做事，就会有意想不到的收获。

“做这种简单的工作实在是埋没我的才华。”

小王的上司让他把开会资料录入电脑，小王有些愤愤不平，觉得上司故意为难他。很多新进职场的年轻人都会有这样的想法，他们往往看不起一些看似简单的工作。其实，大事业往往都是由一件件小事成就的，我们要改变心态，把小事当作大事来做，有时恰恰是小事决定着我们的成败。

“他总是看我不顺眼，我做的工作他总是挑三拣四不满意。”

周玲觉得同事小汪总是针对她，周玲做的工作她总是有很多意见，不是不够细心，就是速度太慢。最近周玲提出了一些工作建议又被她说得一文不值。在平常的工作中，我们经常会遭到别人的反对意见。其实，他们的反对意见或多或少都有些道理，对于正确的意见，我们要虚心接受；对于错误的意见，也不要激烈反驳。学会正确接受反对意见，可以让我们的能力变得更强。

“最近好累，工作压力又大，周末还要加班。真想回去睡两天。”

心心周末加了两天班，回家的时候发现自己连眼睛都肿了。她有些委屈，觉得工作压力很大，非常累，真想辞职不干了。接到妈妈的电话，她忍不住哭了起来。其实，工作压力是每个人都要面临的一个严峻问题。工作压力太大，不仅会影响工作心情，甚至会影响身体健康。所以，我们要学会给自己解压，有空多做运动、去郊外野餐都是不错的选择，只有摆脱了工作压力，我们才会活得更加轻松。

“这个计划能够成功，我的功劳最大，可是最后竟然升了他的职，真不公平。”

小陈和大刘一起负责一个设计项目，小陈负责规划，大刘负责实施。后来这个计划得到老板的赞赏，老板升了大刘的职，可是小陈却什么也没得到。小陈郁闷之余还很气愤，觉得很不公平。生活中我们常常会听到类似小陈的抱怨，可是事实往往又告诉我们：只会抱怨的人是不会把事情做好的。也有些人，尽管受到很多不公平的待遇，可是他们从不会怨天尤人，而是把这个时间用在努力工作上，结果反而取得了傲人的成绩。

“这个问题我解决不了，你帮帮我的忙吧！”

上司让小君单独去见客户的时候，小君有些畏缩了。她请很有经验的同事罗娜陪她一起去，可是罗娜却拒绝了小君，说小君应该趁此机会锻炼一下自己。在工作中，不要总是依赖别人帮你解决问题，因为每个人也都有许多事要做，他或许可以帮助你一时，可是无法帮助你一世，所谓靠人不如靠己，你会发现，最能依靠的人就是你自己。

“没事，反正我也不忙，这个工作我可以慢慢做。”

小萍的老板让她把公司一年的财务状况做一个总结。可是小萍觉得年底还早，她又不是很忙，可以慢慢做，可是却被老板批评了一顿，说她浪费时间。“寸金难买寸光阴”是我们很小的时候就该明白的道理，时间是很宝贵的，是花多少钱都买不来的。我们不能浪费时间，而是要更加珍惜时间，只有把珍惜时间这个观念深植心底，才能更合理有效地运用时间，从而不虚度每一天。

“他以前得罪过我，这次等着机会了，我要好好报复他。”

小杨刚进公司的时候，因为爱出风头，就被老员工林风“整”了几次，小杨一直想找机会报复。这段时间，林风家里出了点事，经常迟到早退，小杨就想向老板“告状”，好好惩罚一下林风。其实，在职场中无论做人做事，都要给别人留有余地，在给别人留有余地的同时，也就是给自己也留了“第二条”“第三条”路。

利用饭局搜集朋友

据权威机构研究，世界上所有的谈判80%是直接或间接在饭桌上完成的。饮食在衣食住行中占有重要的位置，每个人都需要吃饭。那么如何运用饭局进行交友呢?

成功的生意饭局不论是早餐、午餐还是晚餐，只要是用餐时间，就不会讨论生意上令人不愉快的话题。

那么，成功的饭局聊些什么？喝饮料时，他们聊高尔夫球，聊天气；上主菜时，谈的则是美食、艺术、时事及一些无伤大雅的话题。

靠一顿宴请来说服犹豫不决的立法人员投自己一票历来就是美国白宫政客惯用的手法。这一顿饭可以是室外的午餐，可以是非常考究的早餐，也可以是精致的晚宴。但不管是哪一种，每当有重要的提案要投票时，毫无例外地，银质餐具便搬了出来。政治捐款也是和吃东西联系在一起的。

有些人认为吃饭是在浪费彼此的时间，错了，一点都不浪费时间。在饭局上花的时间大体上不会白花。

诺巴·拉文做每周工作计划时就先确定他要与哪些人碰面，然后每个礼拜安排四个早餐、四个午餐和两个晚餐来跟他个人或业务目标有关的人士聚餐。他们可能是客户，也可能是朋友，或是某些有影响力的人，也有可能是潜在客户或其他人。

他经常会在街上遇见他想与之一起吃饭的人。所以他在最忙的时候，一周会有四次正式的早餐、午餐和两次晚餐。因此他一个星期下来，就多了10次访谈机会，在很愉悦的时间里加深顾客对他的印象。

这是极简单却非常有效的方式，一不浪费时间，自己吃饭也需要时间；二是在饭局上人的情绪大都会非常好，更容易结成深厚的友谊。拜访10位客户需要花费许多时间，可是运用饭局拜访客户，在还没展开正式工作之前，就已经见了10位客户了。大部分像这样的吃饭机会，都可以进一步加强与客户现有的关系，或是得到某种很有价值的回报。

如果你每年有700次的机会，和一些可以为你生活带来正面效果的人一起吃饭，可以想象你在个人和事业两方面，一定都会有所成长。

如果你还没有开始这样做，不妨好好考虑一下。不过在饭局上，不可太过急功近利。你的谈话一定要有弹性，不要硬性推销，重要的不是你做了什么，而是人们对你的这种方式是否接受，最好的方式是不要谈工作，吃饭就是吃饭。有句古语说得好，“吃人的口短，拿人的手短”，只要他答应和你吃一顿饭，下次你找他合作或帮忙时，他就不好意思拒绝你了。

另外，你在席间要适当地谈你自己的情况，谈你可以为对方带来什么好处，可以提供什么样的优质服务。

整理和利用好你手中的名片

以下是一张整理名片的表格：

姓名	
电话（住家）（公司）	
传真 / 电子邮件 / 网址:	
职称	
公司名称	
地址	

生日及出生地	
联系方式	
家庭住址	
受教育程度	
参加社团	
特别兴趣	
重要经历	
特殊成就	
日期	

你必须写下建立此档案的时间，如此便可得知这位朋友是什么时候认识的。每当更新的时候，填入新的日期，但保留旧的日期。

如果当时是某个很特别的场合，也应该记录下来。两年之后，如果你把这次特别的场合重新说出来，对方会对你印象特别深刻。

电话／传真／电子邮件／网址：

只有电话是不够的。有许多主管或老板是不接电话不带手机的，但他们可能会利用电子邮件。

职称：

尽量更新此项资讯以方便联络使用。一听到某人升迁或换工作，便立即致意，或打电话，或写贺卡。

公司名称：

每个人心里都有个团队归属感，公司在他的心目中占有重要的位置。

地址：

当一家公司改变地址时，寄一张“恭贺乔迁新址”的简函，是维持联络的一个好方法，同时这也显示了你的细心和对他们的关注。

生日及出生地：

如果你特别选在买主生日那天拜访他们，你会完成更多的交易。

联系方式：

这是唤起你的记忆的地方，你在何处认识某人、经谁介绍、共同朋友的名字、共同参与的某项活动，以及最后一次碰面的时间。

家庭住址：

你的网络朋友的家人名字及资料是很重要的，因为这些对他们很重要。但你必须十分小心地挖掘这些资料。如果没有记清家庭成员的情况，会出现许多尴尬的场面。

受教育程度：

许多人对他们的母校有很浓厚的感情，尤其是大学，甚至在毕业数十年后仍是如此。那里是他们曾经生活之处，也可能是认识他们生活伴侣的地方。

世界上能够产生最好的朋友的地方是：

1. 学校

2. 战场

跟朋友保持点距离

有人以为，朋友之间就要亲密无间，称兄道弟，甚至要成为“死党”。其实，多数朋友只是普通朋友，真正可称为“死党”的朋友并不多。

在生活中我们常常发现，一些“死党”到后来还是散了，有的是“缘尽情了”式的散，有的则是“不欢而散”式的散，无论怎么散，就是散了。人能有“死党”是很不容易的，如果就这样分道扬镳，不能不说是一种巨大的损失。

而“死党”一散，尤其那种“不欢而散”的散，要再重新组“党”是相当不容易的，有的甚至根本无再见面的可能。人一辈子都不断在结交新的朋友，但新的朋友未必比老的朋友好，失去友情更是人生的一种损失，因此好朋友最好要保持距离。

这话听起来是有些矛盾，好朋友才应该常聚首，保持距离不就疏远了吗？

问题就出在“常聚首”上，很多“死党”就是因为一天到晚在一起，所以才散了。为什么呢？人之所以会有“一见如故”“相见恨晚”的感觉，之所以会有“死党”的产生，是因为彼此的气质互相吸引，一下子就越过鸿沟而成为好朋友，这个现象无论是异性或同性都一样。但再怎么相互吸引，双方还是会有些差异的，因为彼此来自不同的环境，受不同的教育，因此人生观、价值观再怎么接近，也不可能完全相同。当二人的蜜月期一过，便不可避免地要接触彼此的差异，于是从尊重对方，开始变成容忍对方，到最后成为要求对方。当要求不能如愿，便开始背后的挑剔、批评，然后结束友谊。

奇妙的是，好朋友的感情和夫妻的感情很类似，一件小事也有可能造成感情的破裂。我有一位朋友，他和租同一栋房子的房客成为朋友，后来因为对方一直不肯倒垃圾，他认为受到了不公平的对待，于是愤而搬出去，二人至今未再往来过。

所以，如果有了好朋友，与其太接近而彼此伤害，不如保持距离，以免碰撞。

人说夫妻要相敬如宾，如此自然可以琴瑟和谐，但因为夫妻太过接近，要彼此相敬如宾实在很不容易。其实朋友之间也要相敬如宾，而要相敬如宾，保持距离便是最好的方法。

何谓“保持距离”？

简单地说，就是不要太过亲密，一天到晚在一起，也就是说，心灵是贴近的，但肉体是保持距离的。

能保持距离就会产生“礼”，尊重对方，这礼便是防止对方碰撞而产生伤害的“海绵”。

有时太过保持距离也会使双方疏远，尤其是经济社会，大家都忙，很容易就忘了对方。因此对好朋友，也要打打电话，了解对方的近况；偶尔碰面吃吃饭，聊一聊，否则就会从好朋友变成朋友，最后变成只是认识。

也许你会说，好朋友就应该同穿一条裤子，彼此无私。

能这样想很好，表示你是个可以肝胆相照的朋友，但问题是，人的心是很复杂的，你能这么想，你的好朋友可不一定这么想。到最后，不是你不要你的朋友，而是你的朋友不要你。更何况，你也不一定真的了解你自己，你心理、情绪上的变化，有时连你自己都不能掌握。

所以，为了友谊，为了人生不要那么寂寞孤单，好朋友应保持距离。

多认识一些带圈子的朋友

朋友的积累是一个缓慢的过程，而要加快朋友的积累速度，有一个很好的捷径，那就是多认识一些带圈的朋友。所谓带圈的朋友，意思是一些朋友多的人。每个人的朋友网是不一样的，朋友身边的朋友也有可能成为你的朋友。这就如同数学的乘方，以这样的方式来建立朋友，速度是惊人的。

如果你认识一个人，他从来不跟你介绍他的朋友。但另外一个人说："下星期我们有个聚会，你来参加我们的聚会吧。"你到了那个聚会，发现这些人都是五湖四海的人。带圈子来的人和不带圈子来的人的附加价值是不一样的。我们知道在朋友网中，朋友的介绍相当于信用担保，朋友要把你介绍给其他人，就意味着朋友是为他做担保。基于这一点，你可以请你的朋友多介绍他的朋友给你认识，就像我们做客户服务一样，如果你的新客户是一个很强有力的老客户介绍的，这位新客户一下子就会接受你或你的服务。

这就是所谓"圈子"这个概念，就是当我们的朋友关系联接成社会网络的时候，你会发现建立每个朋友的成本是最低的，你不需要花更多的时间去做介绍，也不需要花更多的时间去请客吃饭，这些都省下来了。

我们思考问题通常只站在自己的角度，再好的个人，其实都有自私、丑恶的一面，这是因为单个人总是有系统偏差和缺陷。所以，认识一些带圈子的朋友很重要的一点就是可以弥补我们个人在社会关系中的不足。

要认识一些带圈子的朋友，首先必须假定一个前提，我们所拥有的朋友关系如同做生意，也是一种社会交换。我们跟朋友之间之所以可以维持互动关系，是因为我们各自有可交换的东西，而且这种交换是不同价值的交换，是不同价值通过交换弥补各自的需要的，而且对双方都有意义的。

还记得朋友关系的黄金法则吧？那就是“你希望别人怎样对你，你就以怎样的方式对别人”。要获得朋友圈里的资源，就要舍得奉献你自己圈内的资源。换句话说，要想认识更多带圈子的朋友，首先要不断壮大自己朋友圈。只有这样，你才能拿自己的朋友资源去交换别人的朋友资源，从而各取所取，实现双赢的目的。

反之，如果你的朋友圈子小得可怜，那么你和那些带圈子的朋友便很可能不在一个层次上。这就好比一个年收入 3 万的人和一个年收入 30 万的人交朋友，是很难玩到一块去的。因为你们的资源不对等，你不能为别人提供有用的资源。

设身处地去考虑问题

柴田和子是日本推销女王。她持续11年享受日本寿险“终身女王”的称号，国际组织MDRT会员。她的业绩相当于804位业务员销售业绩的总和。

柴田和子是如何运用朋友资源进行销售的呢？

1. 给人一个整洁、开朗的形象

柴田和子虽然一说话便显得神采飞扬，但她不满意自己的身材，觉得自己的身材没有突出的特征，在与对方初次会面时不能吸引对方的眼光，所以，她通常都会借“服装”给人强烈而深刻的第一印象。

2. 利用之前所积累的朋友资源

柴田和子高中毕业之后就到“三阳商会”任职，直到步入婚姻的殿堂，而其周边的朋友资源也给了她非常大的支援；刚开始的朋友资源完全是以“三阳商会”为基础，之后是通过他们的介绍以及转介绍而来的。

另外一个对她有很大帮助的则是她的母校——“新宿高中”。

“新宿高中”作为一所著名的重点高中，培养了非常多的优秀人才、社会的中流砥柱。其毕业生在社会上都具有一定的地位。

3. 善于利用银行开发客源

当时日本的全部企业都是自由资本比例比较低，常需要找银行贷款，银行发挥极大的金融功能。在银行与企业的权力构造中，银行居于绝对主导的地位。所以，银行的推荐相当有力度，可以给对方施加压力，柴田和子常常利用这样的关系来做她的开场白。

“我是由银行推荐来的，但是我与银行并没有什么特殊的关系。因为是我自己跑到银行请他们推荐的，所以请不要介意‘银行介绍’这四个字，请你听一下我说的内容。希望你能明白，我仅仅是作为一个保险业务员的身份，来为贵公司推荐一项非常不错的商品，所以，请你最好能针对这项由我为你设计好的保险商品，提一点意见、指教，这样对我的成长也有所帮助。我希望从点点滴滴累积这些教训，将来变成日本顶尖的业务员。所以，请您不吝赐教，对我进行指导。”

有一家银行给了柴田和子 7 家企业的转介绍，那家银行的领导是一位非常优秀的绅士，之后又不断为她介绍了很多企业。

当柴田和子心满意足地得到一家银行的转介绍后，别的银行也常常对她伸出双手。

为了具体地清楚企业名称，她曾经整整一天坐在银行柜台窗口前的椅子上，一听到银行柜台喊“XX 工业公司”“XX 会”，就逐个把名称抄录下来。然后再到二楼的贷款部门请求工作人员为她介绍那些企业，之后再去进行上门拜访。

4. 寻找主导人物

柴田和子之所以选择从老板下手，是由于那是最有效率的做法。因为老板往往具有最终的决断权，只要使领导说“Yes”，那么其余的就只是事务性工作了。所以，行销人员必须要清楚谁才是问题的关键。

柴田和子觉得有效率的做事方法，就是将已经建立的朋友资源灵活运用于企业集团之中。每个人都有亲戚、校友和乡亲，从这些关系中来展开她的事业，而她也觉得可以将这些朋友资源灵活地运用于工作上。

前往企业行销集体保险，是以企业的母集团为切入点，只要与某企业集团旗下的公司签下合同，则该公司所属企业集团的所有人也尽可能囊括其中，可以快速扩大自己的市场。

5. 人情练达成就成功行销

柴田和子从来不会错过与别人的约会时间。她绝对不带给别人任何不快，即便是自己的秘书，她也不会让他在严寒或酷暑中去等候。如果要让一个人来遭受这些的话，她是宁可自己承受也不愿意别人那样去做的。

柴田和子说：“保险行销要做成功，必须要懂得处处为别人着想，即人情练达。”

行销绝不是一个人的事情，光知道拼命地埋头苦干是绝不可能成功的。怎样使对方打开心扉、使对方信任自己，才是最关键的。要达到这个目的，就应该做到能够体恤对方，要有替对方着想的心意。

柴田和子成功的方法：

1. 确立具体长远的目标，并想尽一切办法去完成它。

2. 时常站在客户的立场来思考问题。

3. 像“爱的天使”一样出现在客户面前，用诚信打动客户。

多注意别人在想什么，让自己永远受欢迎

人走茶凉，可能让人倍感社会的势利和冷漠无情，但这是事实。庙堂里的菩萨有许多人在供奉，而庙堂外的菩萨却很少有人理睬。不在其位，不谋其政，现官不如现管，真是一点不假。时间能够冲淡许多人的记忆，有很多社会名流、达官贵人，在功成身退之后，逐渐被人遗忘。

能够注意别人在想什么，也就无形中增加了你胜利的机会。“拳王”穆罕默德·阿里在这些功成身退的人中却是一个例外，时光并没有冲淡他的名人身份，而且随着时间的流逝，他越来越受到人们的欢迎。他是怎样做到这一点的呢？也许，从以下几件小事，我们可以看到拳王阿里的可贵之处。

1. 运用慈善机构，做一些公益事业

1975 年 12 月 2 日，哥伦比亚广播公司播出一条新闻，报道称：为老年残障者设立的社会服务机构因资金短缺即将关闭。然而第二天，阿里就拿着一张 5 万美元的支票，以及 5 万美元的保证金过来了。他和这个机构并无明显的关联，有人问他为什么要这样做，他回答：“我对老年人就是心疼，尤其是残疾人，因为有一天我也有可能会残疾。”

2. 来信必回

他身体所患的帕金森病并没有影响他的心智。每天他仍然会花费许多时间回复大量拳迷的信件，以及在照片、书及其他物品上签名，以此来为世界各地的慈善机构募集捐款。这些东西在拍卖的过程中成交价高达 5000 美元。

3. 突出自己，赢得关注

阿里刚化身为职业拳击手时，为了更大程度宣传自己，扩大自己的影响力，他想请全美国最大的刊物《生活》的一位专职摄影师拍照，并在《生活》上刊出。这位摄影师当然不会随便给人拍照，但是阿里清楚只要能够突出自己，让自己值得报道，就可以为自己创造机会。阿里对外界说："我是世界上唯一一个接受过水底训练的运动员。那就等于是你一直穿着厚重的鞋子跑步一样，而如果换上其他鞋子之后，你的脚步就会觉得非常轻盈。当你在水下练习拳击时，由于水流的阻力，使你在平时的比赛中挥拳更快。所以我是世界上最敏捷的重量级拳手。"

那位摄影师表示对此很感兴趣，愿意做阿里的摄影师并做一个独家采访。其实他压根就不能游泳，并且以前从来没有在水底下训练过，但是摄影师却相信了他，而且在《生活》上用了很大的篇幅对他进行报道。

4. 帕金森症让他学会以新方式沟通

阿里 42 岁时，被诊断出罹患帕金森病，这对一个拳王来说，实在是个悲惨的消息。但是阿里并没有因此放弃与人沟通，肢体艺术对他来说变得很重要，他学会以手、手指、脸部表情、眼神和人沟通。他会以大拇指和食指发出像蟋蟀在耳旁的声音，让访客大感惊讶。他会在头上吹气、握手时在手掌搔搔痒，几乎逗乐所有访客。

我们应该向阿里学习的，不仅仅是他的奋斗精神，还有他为人处事的智慧。他曾经讲过："帮助别人即是我们为自己居住在地球上所付的房租。"

第七章

小心交友盲区，不要我行我素

在人际交往的时候，我们经常面临很多的盲区。所谓盲区，就是指我们没有意识到的交友禁忌，或者常常犯错的地方。一旦进入这个区域，我们常常会做出非常错误的举动，以致直接破坏好不容易建立起来的人际关系。

交友有误区，小心别走错

如何对待朋友，如何获得朋友的信任，相信每个人都有自己的一套见解。比如好朋友之间应该亲密无间、无所不谈；再比如和朋友说话不必绕弯子，直截了当，甚至刻薄一点也没关系，因为朋友不会介意的。然而这些做法和想法未必正确，有些甚至是极大的误区。下面是交友必须注意的三大误区，一定要牢记在心：

1. 朋友情同手足

遇到志趣相投的朋友，人们往往愿意亲密无间，形影不离；如果是陷入热恋中的话更是如胶似漆，寸步不离，让彼此都没有一点私人空间。这是个危险的征兆。

交友的时候，双方应该互相了解彼此之间的默契程度，以此来确定一个彼此都感觉舒服的距离。一般的朋友距离稍微远一些，生死之交和道义上的朋友距离尽可能近一点。但关系再亲密，彼此也应保持一点距离，使双方感觉是刚刚好。恋人、夫妻之间的关系也同样如此，保持适当的距离，保留一些神秘的感觉，这样有利于更好地吸引对方，这正是欲擒故纵的充分运用。

对别人过分关心，对别人的事情太过关注，只能使对方觉得乏味、厌烦，别人表面上对你表示感谢，内心里却有着说不出的失望。应该清楚，亲密要有间，距离产生美！

2. 知己难得，有一个足矣

与某人的交往达到一个极致时，再继续投入的话，得到的效果就非常少了。如果把追加的投入转而投入其他人的话，就有可能产生意想不到的回报。

俗话说“人生得一知己足矣”。如果人生能够拥有一个知己，确实令人觉得非常宽慰。但如果有几个知己就感觉洋洋自得，不想去结识其他人的话，把全部的时间和精力投入到这几个知己身上，在一定程度上这是浪费时间，非常可惜。

人际交往也存在一个限度。超过限度的时间和精力与其继续投入到相同的人身上，不如投入到充满潜力的其他人身上，平均一下自己的力量，多结识几个朋友，就会多一些收获。当然，这中间还有一个怎样选择朋友的问题，但那属于另一范畴。

3. 忠言不一定逆耳

对朋友的告诫，忠言必须要逆耳吗?

常言道“良药苦口利于病，忠言逆耳利于行”。这句话说得太多，人们很容易会产生错觉，告诫朋友的话必须不好听，不难听的话不能称之为“忠言”。这是个非常大的误解！

规劝朋友时，人们往往只注重了动机的利他性和方案的选优性，却恰恰没有考虑过朋友接受过程的情绪变化和说服方法的正确使用，想按照自己的方法将对方赶入天堂，其实不然，方法的不当在一定程度上会抵消动机和方案的优势。既然朋友不能够乐于接受你的方式方法，他又怎能对你的动机和方案表示接受呢?

西方管理学家有这样的观点：做事的方法更重要。

忠言如果顺耳难道不好吗?

唐太宗李世民曾经扬言要杀掉频频引得龙颜大怒的魏征，长孙皇后听到后非常着急。如果这个时候用逆耳的“忠言”来规劝李世民，李世民不仅不会接受，反而会让事情朝相反的方向发展。会说话的长孙皇后好言相劝李世民。她说：古往今来主贤臣直，只有君主仁义，当臣子的才能发表自己的意见、有话才敢讲，今魏征敢于冒天下之大不韪直言劝谏，靠的就是圣上贤明。李世民听到后非常高兴，顿时打消了杀魏征的念头。

交际是一门非常严谨的学问，是人生的一门必修课，单靠古人的几条训导和社会上人人所共知的箴言是完成不了这份答卷的。只有以严谨的态度对待交际，遇到问题仔细分析，对症下药，才会找到解决问题的突破口，才能得到最满意的答案。

规劝朋友的过程实际上是让别人接受你的动机、方案和方法的过程。动机、方案、方法三者紧密相连，缺一不可。在规劝别人的时候，多考虑一些方法，讲究一点技巧，忠言完全不用逆耳！

揭人短处，不如给人台阶下

只有靠着台阶，才能往上走，也只有给别人台阶下才能让别人走下尴尬。在社会交往中，能及时地为陷入尴尬境地的彼此提供一个恰当的“台阶”，使他保全自己的面子，也算是处世的一大学问，也是为人应有的一种美德，这不仅能使你在对方的心目中留下一个好印象，而且也有助于你对外树立优秀的社交形象。

1953 年，周恩来总理率中国政府代表团对驻旅顺的苏军表示慰问。在中方举行的招待晚宴上，一名苏军中尉在对总理的讲话进行翻译时，不小心将一个地方译错了，我方代表团的一位同志当场纠正。这使总理觉得非常意外，也使在场的苏联驻军司令非常不满。因为部下在这种场合所犯的错误使司令非常没有面子，他立刻走过去，要撤下那名中尉的肩章和领章。宴会厅里的气氛瞬间凝固起来。这时，周总理适时地为苏方提供了一个“台阶”，他和蔼地说：“两国语言要做到一丝不苟的翻译是非常困难的，也可能是我讲得没那么好。”随后总理慢慢重述了刚才被译错的那段话，让翻译听清楚，并非常精确地翻译出来，这样一来既缓解了尴尬的气氛，又为对方解了围。总理讲话完毕后在同苏军将领、英雄模范举杯庆祝时，还特地同那位翻译单独干杯，那位翻译被感动得热泪盈眶。

为什么在社交场合要注意给对方留一个台阶，注意给对方留面子呢？这是由于在社交场合，每个人都出现在众人面前，因此都非常注重保持自己的对外形象，都会表现出比平时更为强烈的自尊心与虚荣心。在这种心态指使下，他会因你使他丢了面子而产生比平时更为强烈的厌恶，甚至与你结下一生的疙瘩。同样的道理，也会因你为他保全了面子，使他维护了自己的形象，而对你表示感激，产生更为强烈的好感。这些，对于日后的交往，会产生非常深远的影响。而这恰恰是不少人在日常的交往中所没有重视的。对方因为丢了面子出了丑，可能会恨你一生。相反，若给了别人面子，可能会让人对你感激一生。是选择让人感激还是让人记恨，关键是自己能不能给别人台阶。

由于自己的粗心和忽视，下列社交误区都可能使对方陷入非常难受的境地。

1. 戳到对方的痛处

在日常的交际中，如果不是为了某些特定的目的，一般应尽可能避免涉及对方所忌讳的敏感区，避免使对方当众下不来台。

心理学的研究证明，谁都不希望将自己的错处或隐私在公共场合曝光，一旦被人触碰，就会感到非常生气和难堪。所以，在交际过程中，如果不是为了达到某些目的，一般应尽可能少地谈论对方所不喜欢的敏感区，避免使对方当众没有面子。必要时可通过一定的方式暗示对方已清楚他的错处或隐私，便可使他认识到自己的错误。但不能太过，只须“点到而已”。

在广州著名的一家酒店里面，一位外宾吃完最后一道菜，顺手把制作精致的景泰蓝食筷悄悄揣入自己的内衣口袋里。服务小姐不动声色地迎上前去，双手捧着一只装有一双景泰蓝食筷的绸面小匣子说：“我发现先生在进餐时，对我国景泰蓝食筷非常喜欢，非常谢谢你对这种精美工艺品的赏识。为了表示我们的感激之情，经餐厅经理批准，我代表中国大酒家，将这双制作精美并且经严格消毒处理的景泰蓝食筷送给你；并根据大酒家的‘优惠价格’记在您的消费账单上，您看怎么样？”那位外宾当然知道服务员说这话是什么意思，在认真表示了谢意之后，说自己由于多喝了两杯红酒，头脑有点不清醒，误将食筷放入内衣的袋子里。并且非常巧妙地借此“台阶”说“既然这种食筷不消毒就不方便使用，我就换一双吧！哈哈哈……”说着取出原来的食筷，非常有礼貌地放回餐桌上，接过服务小姐双手递给他的小匣，非常满意地向收银台走去。

上面的例子中，服务小姐非常聪明地化解了一场危机。正是因为她得体的言语和行动，才能让那位外国人意识到自己的错误。我们可以试想一下，如果当时服务小姐使用非常直接的言语的话，会是什么后果？

2. 放大对方的错误

在社交过程中谁都不可能没有一点小失误，比方说念了错别字，讲了外行话，记错了别人的姓名和职务，礼节有失风度，等等。当我们发现对方表现出这种情况时，只要是没有造成太大的影响，就没必要对此大肆张扬，故意让每个人都知道，放大对方的过失。更不应以嘲笑的口吻，认为“这回可抓住笑柄啦”，来进行炒作，在公众面前嘲笑别人的失误。因为这样做不仅会使对方很没面子，伤害他的颜面，使他对你产生厌恶，而且对于你社交形象的建立也没有好处，容易使别人认为你很刻薄，在日后的交往中渐渐疏远你，对你产生戒心。如果嘲笑别人的过失，自己也会在犯错的时候被别人所嘲笑。

3. 让对方一败涂地

为人处事正如同下一盘棋，只有那些涉世太浅的人，才不会手下留情，赶尽杀绝，对方已经输红了脸、不能抬头了，他还在那儿不识趣地喊“将”。

在社交过程中，常会进行一些带有比赛性质的文体活动，比如下棋比赛、篮球赛、羽毛球赛等。尽管这是一些业余文体活动，但大家每个人都渴望成为胜利者。有经验的人，在自己具有压倒性优势、能绝对取胜的前提下，往往不会使对方败得惨不忍睹，反倒是刻意让对方赢几局，自己既能赢得胜利，又给对方留了面子。比方说有些象棋高手，在连赢几局后，往往会故意走错一两步，让对方赢几盘。实际上，社交活动并不是正式比赛，对输赢没必要那么较真儿，主要目的还是沟通感情，加深友谊，满足自己内心的需要；不然的话，斤斤计较，常常会影响彼此的心情。国民党元老胡汉民非常喜欢下象棋，又很看重输赢，在一次宴会后与棋艺超群的陈景夷相互博弈时，本来已经平局，却要比出个高低，在最后时刻被对方打了个死车，胡汉民脸色立马变得苍白，大汗淋漓，非常恼怒，当场昏死过去，三天后竟然因为脑溢血死亡。

我们不仅要尽可能避免因为自己的疏忽造成别人下不了台，而且要学会在对方没办法下台时，巧妙为对方设计一个“台阶”。不然的话，很可能会由于操作不当，本来是保全对方的面子，结果反而弄得彼此都更加尴尬。

帮人“打圆场”，化解尴尬

学会灵活地转变话题和分散对方的注意力。说错了话或者做错了事，除了要敢于承认错误之外，还要学会巧妙地避开话题，把别人的注意力转移到其他方面。

每个人都有自己的难言之隐，相信不会有人喜欢让人传扬，因此为他人保留面子也是一大善举。如果在人际交往的过程中，及时让人摆脱尴尬，不让隐私外露，别人便会觉得你对他做了一件非常重要的“善事”，会对你无限感激，也就会在别的事上来还你的人情。

张建伟在一家建筑设计事务所工作，大学毕业后他就拿到了一级建筑师的资格，是一位非常出众的人。他身材魁梧，说话风趣，因此受到女孩子的青睐。他本人对这样的事情也从不隐瞒，也喜欢拿这些事情在众人面前夸耀。

有一天，张建伟和两位上司到客户那里谈判，对方除负责该项目的一位董事外，还有两位部长陪同。当天是第一次会晤，目的是打听客户的意向。

双方在会客室按惯例交换名片。这时，张建伟的名片夹里有样东西落在桌上。张建伟和其他人的视线都一起扫了过去。

突然，张建伟发出一声惊叹，表现出非常狼狈的样子，其他的人也噤若寒蝉。掉在桌子上的东西，原来是安全套。

张建伟连忙捡起来，然后非常不安地窥伺对方董事的脸色。

“哈哈，没看到，没看到。”对方一脸轻松地说。事后的商讨也就在一片和谐中进行。

这种话虽然没谁会相信，可在当时的情况下，却收到了非常良好的效果。为了不至于让别人尴尬，撒了谎，说胡话，是没什么的，相反对方还会因此而感激自己。这样做，对谁都没有不利的地方。

在特殊的条件和情况下，人们为了避免触碰别人的隐私，以免招来麻烦，引起彼此的误会，有时不能、不愿、不好直接对某件事情做出评价，这个时候就需要用另一事物来化解尴尬，通过“指鹿为马”来缓和气氛、展开交际。

由此可见，遮羞有时并不见得是件坏事。遇到比较尴尬的情形，应及时以新话题、新形式引申转移，千万别扭扭捏捏，抓着不放，弄得不欢而散，导致更为尴尬的局面。

在社交的过程中，没有谁能预料一切。比如，也许你想不到和你交往的人是与你有矛盾的，或者是你竞争对手的伙伴；也许你没有照顾到对方是广东人而不喜欢粤菜；也许你偶尔说错了话；等等。这些都很叫人没有面子。这时候，情况超乎了你的意料，一时免不了会有点失态。这种场合下的遮羞是相当有必要的。

一个人化解尴尬的能力肯定是以人生经验为基础的，必须经过多次磨炼，才会变得圆滑聪明。与此同时，应变能力往往也能表现出一个人的机智和修养。只有会处世的人才有可能在情况发生变化时化险为夷，化腐朽为神奇，使自己及时摆脱尴尬的境地，并在交际中取得不错的效果。

要遮羞，就要从自我做起，首先必须做到以下几点：

1. 不管出现什么情况，都要保持冷静，自己不能失态

比方在一次商务交际中，对方在谈到价格时突然釜底抽薪，说你给一些公司的价格很低，而给他们过高，这对于他们来说是不公平，等等。贸易伙伴如此揭露，是不给你面子的表现。如果你此时不冷静，情绪过于紧张或者激动，就很可能控制不住这个局面。再继续下去，就可能承认事实，或者狡辩，拼命否认，很可能当时就“硝烟四起”。但是如果你很冷静，可能会很快找出缘由，比如价格低但不保证退换维修，在某些方面没有运用新材料新技术，或者在付款形式、供货期限、质量保险等方面会和他们区别对待。总之你肯定能找出合适的理由来挽

救局面，为自己的行为找到一个比较体面的说法。

2. 不管在什么情况下，都能够“打圆场”，化解矛盾

在与人交往时，要尽最大可能地将自己与对方的面子保全，使气氛由紧张转变为轻松，化解尴尬。在大多数时候，给别人解围比为自己掩饰更重要，一方面表示自己理解和尊重对方，另一方面也为自己留下了余地。

3. 学会灵活地转移话题和转移别人的注意力

说错话或者做错事，除了积极承认错误之外，还要学会及时转移话题，把别人的注意力转移到其他方面。比方用幽默或玩笑的方法来转移目标，把话题扯到另一件事情上面，把令人紧张的尴尬变成轻松的玩笑，等等。

宁可吃点亏，也别得罪人

人靠彼此之间的互相帮助才得以生存，即便是流落荒岛的鲁滨孙也都需要一位名叫“星期五”的助手，更何况我们处在这个竞争激烈、社交往来频繁的社会？因此，“得罪人”是一种压缩自己生存空间的行为。

1. 得罪一个人，就等于减少了自己的一条后路

世界虽然很大，但有时却会因得罪人而显得很小。

当然，或许你会想，人还不至于得罪了几个人就不能生存下去吧。但你应该清楚，世界尽管很大，但往往却会因得罪人而变得很小，有时甚至走在路上都会碰到不喜欢自己的人，更别说你的同行同事。同行有同行的交际圈，如果得罪同行，彼此接触的机会会很大，那是非常尴尬的！而且对你是非常不利的！本来你可以跟他一起获利，却因得罪他而失去这样的机会，这是非常可惜的！

2. 得罪一个气量狭小的人，就等于在自己的身边埋下了一颗定时炸弹

得罪君子的后果最多就是大家不讲话，各自忙各自的事情；但如果得罪了小人，事情就不会那么简单结束。他即使不报复你，也会在背后恶意中伤你，制造许多对你不利的舆论，即使你有理也会因此而变得无理，是非常不值得的！

这里之所以着重说“不轻易”得罪人，当然也是有一定的道理的。当有些事情忍无可忍时，当正义公理得不到伸张时，还是得该出手时就出手的，否则就是颠倒是非，不明黑白了。这种雷霆之怒或许偶尔会得罪人，也有可能封锁了自己的一条后路，但也有可能开拓更宽广的康庄大道。如果没有这样的效果，还是不要得罪人。

因此，当你觉得自己的利益受到伤害时，在没有得到别人应有的尊重时，请想想，不要轻易动怒。而且，要切忌气焰嚣张，盛气凌人，这种只顾自己而不关心别人的态度也非常容易得罪人，而且自己常常还不觉得。

最关键的一点是，得罪人的次数多了就会慢慢变成一种习惯，总是压不住自己心中的怒气，改不了自己的性格，碰到这样的情况就会拿“反正我就这样”来搪塞，那就只能是自己将自己推向一条更为狭窄的死胡同了。

常言道，多一个朋友多一条路。这话反过来说，多得罪一个人就少一条路！

因为有不满的情绪而心生怨恨，进而充满怨言，在这种恶性循环的驱使下，“情”郁于中，自然要表现出来，这对于彼此都是不利的。

有时候可以借用一下阿Q精神，可以在一定程度上减弱这种心理趋势，从而达到某种状态的平衡。比方说女朋友吹了，不如想想“我这次‘考试’还没有过，下次重新补考”；比如在资质平平的老板手下感觉到很压抑，不如想一想“有朝一日我办公司你来打工”……过去国外有些工厂的老板曾经利用工人的不满情绪，建立所谓的“出气俱乐部”，提供领导、经理的模拟头像，让工人随便打骂、出气，用这种方法来提高工人的生产积极性。

人生世事难料，“塞翁失马，安知非福”。暂时的失败并不能说明永远的失败，理智的人应该从中汲取教训，走出失败的阴影，继续努力，直到获得最后的成功。一种行业因为一些原因没法干，则应在客观条件允许的情况下从事其他行业，并努力奋斗，最终满足自己的愿望。

在这个物欲横流的时代，我们的愿望总是会和现实相去甚远。这就需要我们在平时保持一颗平稳的心态，走出自己的心理阴影，使社会多一点关怀，少一份怨恨；多一份关爱，少一些争执。

一个人成功的过程就是不断拓展自己朋友资源的过程，而朋友资源的积累则来自平时的交往，但因为现实中人和人之间存在着许多冷漠与虚伪，使一些人在交往中不断受到伤害，从而感受到很大的压力，最后万念俱灰，产生了害怕交往的消极心理，而正是由于这些消极心理使一些人从此丧失了成功的机会。

在社会上碰壁是非常平常的事。很多人遭遇到挫折以后，却怀疑自己，瞻前顾后，畏缩不前，这样的人是永远不会获取成功的。

“伤人真话”不如“善意谎言”

“我从不说假话”，显得很真诚。但假话如果说得得当，也会产生更好的效果。

为了使人们保持自己内心中的那一份希望，假话发挥了一定的作用。

英国男士劳比一生正直不屈，讨厌在人际交往中的任何撒谎。因此，他在自己这一生的旅途中付出了非常昂贵的代价，并最终幡然悔悟。他充满绝望地发现自己在这个世界上竟然找不到一个可以促膝谈心的人，连妻子和儿女也都渐渐远离他。劳比只能选择把自己的心事写在日记上，自己跟自己谈心。劳比这样说：“我到现在才知道，人与人相处是不可能绝对诚实的。有的时候，假话和假象让人与人之间更和谐。”

劳比的人生是人类许多年来困惑的一个缩影。我们提倡人与人之间应该保持真诚，但发现真诚在有些时候会让人处处碰壁。只是为了保持我们心目中一种理想的纯洁和逃避政治上的禁忌，我们才没办法解释这类现象。劳比绝非政治家，因此他将人类长期来难以言语的隐秘说了出来：有些时候，交际需要善意的谎言。

一位初出茅庐的青年给我来信，他有着和劳比一样的苦衷。由于从小受到家教的熏陶，他对身边的每个人都非常真诚。可是刚接触社会不久，已经因为几句真话而受人排挤了。他希望我能帮他找出其中的原因，因为这样的问题绝不是几句话就能说得明白的，劳比为之付出了自己将近一生的代价。我经过多次思考，最终只给了他两句这样的忠告：“当我的父亲与我探讨关乎家庭前景的事情时，我一定不会说假话；而当我的母亲因为重病将不久于人世时，我会对她说：‘没关系，医生说你马上就会好的。’”这就是处事的哲学。

假话，在积累朋友资源的过程中会起到不可替代的作用。有些人对外宣称自己从来不说假话，这句话本身就是错误的。当我们得知亲戚生病，当我们得知朋友遇难，我们就常常说一些善意的谎言。在这个层面上讲，世界上绝对不存在不说假话的人。不少假话在形式上与人际交往时的真诚相处不一致，但在出发点上却符合人的心理特征和社会特征。人都希望自己被肯定，人都希望得到的坏消息最终是虚构的。为了保持人们心中的那一份希望，社会上就需要一些善意的谎言。

想要说好假话并不是一件容易的事情，首先我们内心应该对假话有一个准确的定位。这样，我们才能说好假话。说假话有三条原则。

1. 真实

假话是没办法真实时的一种真实。当我们无法表达自己内心真实的想法时，我们就选择一种含糊不清的概念来表达真实。当一位女友穿着刚买的衣服，问我们她穿着是否好看的时候，当我们觉得没办法判断时，我们便开始含糊其词，回答说："还好。""还好"是什么意思，是不好还是好？这就是假话中的真实，它和一般的奉承有明显的区别。

2. 合乎情理

这个是假话得以存在的非常重要的条件，很多假话明显是不符合事实的。但因为它合情合理，因此这样也能体现出我们的善良、爱心和美好。我们经常会碰到这样的问题：妻子患了重症不久将要离开人世，丈夫为此非常痛苦。他应该让妻子知道真实的情况吗？很多专家认为：丈夫不应该告诉妻子真相，也不应该向她表现出自己的痛苦，这样会增加妻子的负担，应该使妻子生命的最后一段时间尽可能开心。当一位丈夫忍着即将到来的诀别的煎熬时，对妻子说过的撒谎的话，反而会带给我们更多的感动。因为在这谎言里包含着他无限的憧憬。

3. 必须

是指许多假话是必须要说的。这种必须很多时候是出于礼貌的需要。例如，在我们接受邀请去参加庆祝活动之前遇到不开心的事情时，我们必须将内心的不快和郁闷掩饰起来，带着一份好心情投入到开心的场合。这种掩饰完全是为了礼仪需要，是非常合乎事理的。有时候我们撒谎是为了摆脱令人尴尬的境地。例如，美国曾经就一项新政策来征求议员的意见，相关管理部门人员询问罗斯："你同意那条新法案吗？"罗斯说："在我的朋友当中，有的喜欢，有的讨厌。"工作人员继续追问："那你的意见呢？"罗斯说："我赞成他们的意见。"

假话是保全自己的一种必要的交际谋略。我们说假话的时候只要遵循上述三条原则，我敢肯定它同样会让我们充满魅力。只要我们内心善良，把谎言仅仅当作交际的一种策略，这就是美丽的谎言。它是在善意基础上交际的非常实用的策略。这同恶意的假话，为了达到不可告人的目的编造的假话相比，两者有着根本的区别。那种心怀鬼胎、诈骗、奸佞、诬陷的人迟早会受到惩罚的。

只要我们内心善良，把假话仅仅用在人际交往中，这是能够让人接受的。

切忌与小人斗气

世界上各地都有“小人”，如果和“小人”的关系处理不当的话，你就会经常吃亏。“小人”没有特殊的面孔，脸上也没刻着“小人”两个字，有些小人甚至会让人觉得文质彬彬，有口才也有内涵，一副王者之风的样子，根本超乎你的想象。

不过，“小人”还是可以从日常的言行举止中分辨出来的。

总而言之，“小人”就是做事做人不厚道，以不正当的手段来达到自己不可告人的目的，所以他们的言行有以下几种特点：

1. 喜欢造谣，诽谤别人。他们造谣生事都具有不可告人的目的，绝不仅仅是拿这件事来寻开心。

2. 喜欢在背后说别人的坏话，挑拨别人之间的关系。为了达到某种目的，他们想尽一切办法来挑拨同事间的感情，制造他们的矛盾，然后渔翁得利。

3. 喜欢溜须拍马。这种人不见得一定是小人，但这种人很轻易就受到上司的器重，而在上司面前说别人的是非。

4. 喜欢心怀鬼胎。这种行为代表他们这种人的行为特点和办事风格，他们对别人既能人前一套又可背后一套，因此对你也可能阳奉阴违。

5. 喜欢做“墙头草”。谁强大就依附谁，谁没落就抛弃谁。

6. 喜欢将别人当作自己的垫脚石。也就是想尽一切办法来利用你，而对于你的前途他们是不会考虑的。

7. 喜欢趁火打劫。只要有人跌倒的话，他们会追上来再踩一下。

8. 喜欢推卸自己的责任。分明是自己的错却死不承认，非要给自己找个替罪羊。

9. 喜欢把自己的开心建立在别人的痛苦之上。

实际上，“小人”的特征远远多于这些，不管怎么说，凡是做事不合乎道德的人都带有“小人”的性格。

那么，该怎样正确处理和“小人”的关系？以下几个原则可以做参考：

1. 不理会他们

注意防范“小人”。

通常说来，“小人”比“君子”更为敏感，也会比较自卑，因此你切忌在言论上刺激他们，也不要损害他们的利益，特别是不要为了“正义”而去揭发他们，那只会自己害自己！古往今来，君子很少斗得过小人，因此小人为恶，让更加强势的人去处理吧！

2. 保持必要的距离

与小人保持一定的距离是保护自己非常好的方法。

别和小人走得太近，保持往日的同事关系就足够了，但也不要过于疏远，好像从来不把他们当回事儿似的，否则他们会产生这样的想法：“你有什么了不起？”于是你可能就要倒霉了。因此，与小人保持一定的距离是保护自己的非常好的方法。

3. 注意自己平时的言行

千万不要让小人在你嘴里抓住任何把柄。

说些“今天天气很好”的话就足够了，如果涉及别人的隐私，涉及某人的是非，或是发了某些对领导不满的牢骚，这些话一定会成为他们兴风作浪和陷害你时的素材。因此，千万不要让小人在你嘴里抓住任何把柄。

4. 和小人之间不要有利益往来

小人经常会聚集在一起，形成一股势力，你千万不要想从小人身上获得利益，因为你一旦得到好处，他们必会要求你加倍偿还，甚至弄坏你的名声，让你无法脱身！

5. 吃些小亏也没关系

切莫因为自己吃了点亏而与小人发生纠缠。

“小人”有时也会在无意间伤害你，如果无关大碍，就算了，因为你找他们不但得不到答案，反而会因此结下更大的仇。因此，大度一点原谅他们吧！

当你了解了上述小人的特质，并坚持做到以上几点，你就能和小人和谐相处了。

别让嫉妒害了你

当你感受嫉妒之际，必然置身某种竞争。你的目标是击败“对手”，但你却经常不知道究竟对手是谁，是什么。是你的工作同仁？抑或同仁在办公室所耗费的时间？是你朋友的新装，抑或你朋友穿着新装的模样？是你隔壁的邻居？抑或是你隔邻美丽的后院花园？

你或许以为你嫉妒某人，但后来仔细观察却发现，你嫉妒的并不是这个人，不是他的作为，也并非他所拥有的一切。其实，嫉妒来自对自己的兴趣和自毁的倾向，你会嫉妒是因为你拿自己和别人相比，看到自己的表现，发现其他人更好、更多、更有吸引力等。你参加的是一面倒的战争，你的对手其实是你自己。

嫉妒常被称为绿眼睛的恶魔。如果你对某人怀有嫉妒之心，可以确定的是，它不仅会伤害到你这些情绪所直指的人，而且你所受到的伤害可能更甚于他们。嫉妒就像疾病一样，他们会在你体内不断损害侵蚀你。

因为别人在事业上或者生活上所拥有的一切而感到难受，这种感觉会带给人们多少的痛苦？有多少的婚姻暴力是由于嫉妒心的作怪？有多少的婚姻毁于嫉妒？有时候人们的嫉妒确有其事，但有时候却纯粹是乱想。又有多少自杀事件，是嫉妒下的产物？有多少人是因为嫉妒别人而犯罪，以致坐大牢？除此之外，被某个你甚至不认识的人嫉妒，可能为你带来大麻烦，害你花了冤枉钱，甚至对你本身和声誉造成伤害。一般地说，嫉妒常常带来严重的后果：

1. 谋杀

亚当之子该隐之所以杀害他的弟弟亚伯，就是因为嫉妒他的弟弟。

2. 背叛

约瑟的兄弟之所以把他卖到埃及当奴隶，就是因为嫉妒他是父亲最爱的儿子。他们无法忍受看见他身上所穿外套的华丽。

3. 友谊破裂

有一位中年的新闻从业人员，非常嫉妒他一位出名的小说家朋友，也嫉妒他朋友所出的书。而另一方面，他那位小说家朋友却嫉妒这位新闻工作者由于一篇大众皆知的出色报导而被提名角逐普利策奖，因为这个奖项是那位小说家根本沾不上边的殊荣。结果这两位朋友从此话都不说了。

底特律常被称作车城，就跟纽约是大苹果一样。而全美国最成功的唱片工业之一即是始于车城，那就是车城唱片公司。车城唱片公司捧红过许许多多的歌星，像顶峰合唱团、黛安娜·罗斯、杰克逊家族、罗宾森、斯蒂夫·旺达和马文·盖等。事实上，演员、歌星和舞蹈演员所面对来自其他同行的嫉妒，可能是其他人远不及的。这或许是因为他们高收入、影迷歌迷们对他们的崇拜，以及他们拥有的广大影响力。

然而，不时有一些已经红了二三十年的演艺人员，公开表示对某些新出现的歌星、舞星和演员的支持。老一辈的佼佼者已将这种美德发扬光大，他们明白对新出道人员羡慕与嫉妒是无济于事的。那些新出现的人为了能够大红大紫，当然要付出相当的代价，就像那些已经成名的人当初所做的一样。不论它表现在哪一方面，才能才是最重要的；而我们对于他人的成就所感受到的情绪，应该只有为对方感到骄傲。

当你努力攀登顶峰时，把对他人的嫉妒转化为对他们的成就感到骄傲。不要只是说："我希望能够跟他或她一样。"你应该脚踏实地去做一些事，才能使得自己跟他或她一样有成就。既然羡慕与嫉妒的情绪并不能让你由板凳队员成为场上主力，那你为什么还要坐在场边任由这种情绪泛滥呢?

如果你总是在担忧别人在做些什么，以及他们是如何做的，你会发现你攀登顶峰的路途将是步步艰辛。当你眼见别人表现得非常好，看到他们的成功或者正在享用胜利的成果，就好好看看他有什么是你可以借鉴的。可能只是一个微笑，也可能是他的态度、一句好话、一段时髦的话语。在你察觉之前，你早已经把你的嫉妒心抛到九霄云外，同时你也将自己的本领累积了起来。

以下是几个改掉嫉妒这一毛病的有效方法：

1. 想想别人好的一面，尤其是那些容易招致嫉妒的成功人士。喜欢一个人不仅是因为他是什么人，同样重要的是，你必须看到不是所有的人都喜欢他。如此一来，你心里就不会有空间可以容纳嫉妒了。

2. 让自己对一些有传染性的字眼产生免疫力，例如嫉妒。想想你手臂上或者大腿上的疤痕，它就是你的疫苗，使你不会嫉妒他人，或者成为他人嫉妒下的受害者。

3. 为了戒除某个坏习惯，方法就是用好习惯来取代它。你也可以用同样的方法来对付这个毛病，也就是用别的字眼来取代这些恶毒的字眼。例如，在你的想法里，当你看到别人的成就和成功时，将嫉妒换成赞赏或化为高兴。

4. 经常设想自己应该做什么，而不是去想别人做了什么。如果别人获得的成就当之无愧，就想想怎么做才能够使自己跟他们一样，而不是嫉恨他们已有的成就。

不合群，一定是你的原因

如果你不受大多数人的欢迎，往往是因为你的问题。也许你的确没有很高的情商、说话太苛刻、没有很强的自制力，谁和你在一起都会觉得非常压抑，可你自己并没有感觉到自己做错了什么，看到的却是周围的同事们相约去酒吧聚会，唯独缺少了你。

有些人在自己不注意的时候便不得人心和不受周围人的喜欢了。没有人喜欢听他们说话、很少人支持他们的观点，好像总觉得别人不配合自己，其实这个时候是自己不“合群”了，以致别人不愿意和你做朋友了。是什么原因造成自己现在的局面？认真反思一下，可能是以下这些原因造成的。

1. 喜欢抱怨

在现实的工作生活中，人们通常不喜欢频繁抱怨的人。

你抱怨自己没得到相应的回报；你无端猜测自己要感冒了，结果感冒真的来了（大多数惯于抱怨者同时还患有疑病症）；你抱怨姐姐送给你的连衣裙不合身，抱怨连衣裙没有好看的颜色。

一般人频繁地听到这样的话能心平气和吗？

2. 不喜欢听别人的意见

喜欢以自我为中心的人，总是对别人漠不关心。甚至在别人通知你，你的男友遇到了意外时都未必能打动你。如果你对别人说什么都提不起任何兴趣，那么别人对你失去兴趣时你也不用大惊小怪。

3. 是位戏剧皇后

经常搞恶作剧的人，在某些程度上他本身就是一场恶作剧。

还有一种人我不喜欢和他们争执，那就是丽贝卡式的人物。可能她的父母从来没有告诉过她不应在大庭广众之下大发脾气，也可能因为不明白凡事都有一个度。不管出于什么样的原因，只要想发泄自己，丽贝卡便旁若无人地大闹一通，她嘴永远比脑子快，只要事情超出了自己的预想，她便满腹牢骚。在公司举办的圣诞晚宴上想跳舞，便一下子把提升的事情抛到九霄云外去了，她确实是这么做的。

拥有这样一种对待生活的态度，就像一只公牛闯入一家瓷器商店一样，结果只能是孤独地终老一生。

4. 对别人的依赖性太强

对他人不能太过依赖，超过了一定限度而自己又不能及时意识到，人们就会远离你去结交新的伙伴。

5. 对别人要求太多

人都喜欢自我欣赏，不愿意让别人来指挥自己。

如果你要求别人的观点、情绪和感情都要符合自己的内心，那么，你就会逐渐失去你在他们心中的位置。

6. 苛刻

时时刻刻都在挑错的人，朋友们只能和你渐行渐远。

7. 没有幽默感

缺乏幽默感的人简直就是没有乐趣的人，自然很难得到别人的喜欢。

总之，不被人喜爱的原因是非常多的，只要你能很好地控制自己的情绪，就用不着担心。多为他人着想，自己的地位自然而然也就建立起来了。

异性之间，更要掌握分寸

情感就像是一把双刃剑，既能载舟，亦能覆舟，它能把你载往胜利的彼岸，同时又能导致你的失败。

年少时，在感情的大海中漂流探险，寻找理想的伴侣，留下一些非常美好的回忆，也是人生旅途非常值得回忆的事情。

男女双方对于爱情与友谊的观点，通常都有些不同，两者的概念如果模糊不清的话，很容易使双方产生误解。尤其是心眼比较小的妻子，往往疑神疑鬼，经常会翻丈夫的手机，突击检查，甚至跟踪自己的丈夫，演出侦探小说般的情节来。男人中也有非常小心眼的，对于自己的太太很不放心，整天胡思乱想，阴云密布。

友谊与爱情在很大程度上是不同的。友谊被认为是年轻时候一种最主要的情感依赖和人际关系，它没有对别人的排斥性。友谊是青年社交过程中非常重要的组成部分。人生不能缺少友谊，对于青年男女来说，友谊在他们的生活中占据着非常重要的地位。青年男女经常在一起学习、工作，进行思想上的沟通和交流，就会建立起来相应的友谊。但友谊毕竟不同于爱情，爱情是人与人之间的强烈的依恋、亲近、向往，以及无私专一，并且无所不尽其心的情感。爱情具有这样的特点：一是以男女平等互爱为前提，是两性之间的感情关联；二是具有专一性和对于别人的排斥性；三是它的目的是结为生活伴侣。所以，它和友谊是有着根本上的差别的。在青年交往的过程中，有些青年男女将友谊和爱情混淆，这样的情况有两种：一是对方错把自己的友谊误解成爱情，再一种就是自己错把对方的友谊误解成爱情。这两种情况如果不能得到很好的处理，不但会损害双方的关系，而且会给男女双方带来非常多的麻烦。因此，我们应该认真对待友谊与爱情。

在现实的生活当中，对于双方之间有联系的男女，我们通常这样界定：正处于热恋中的双方互称“男朋友”“女朋友”，而平时交往的双方可以称为“男性朋友”“女性朋友”。

封建社会的观念里面讲究的“男女授受不亲”“男女之间只有爱情，没有友谊”之类的观念是非常片面的，也是人际交往的非常大的误区。它把男女之间的交往很片面地控制在一种“性别之交”的范围内，那仅是从人的自然属性的角度来考虑，而忽略了人的社会属性。这种“性骚扰心理”的发展往往导致男女交往经常陷入混乱，最终引发不必要的麻烦。

结交异性朋友，将使自己收获很多。男女之间，由于性别方面的差异，因而有着各自不同的性格。性格上的相互补充，往往成为彼此帮助的互补。这种帮助有时是同性朋友之间“爱莫能助”的。

有一次，朋友们在酒吧一起唱歌，当然大部分都是男人。大家一边喝着啤酒，一边讨论着时事、物价和身边的趣闻。可是这种融洽和谐的气氛没能维持多久，席间就有两个朋友因为对某些问题的看法有分歧而吵了起来，而且脾气也越来越大，朋友们好言相劝都没有用，几乎到了大动干戈的地步。就在这紧要关头，我们其中的一位女性朋友站出来了。她面带微笑地说：“怎么有这么大的火气啊？有话好说，坐下来平静一下吧。”两位朋友听到这话，双方都觉得不好意思，便坐了下来，变得彬彬有礼，与刚才的他们判若两人。

对于未婚男女青年，可以将友谊发展为爱情。婚前多认识几个异性朋友，可以有选择的余地，这也是合情合理的事。年少时，在感情的大海中漂流探险，寻找理想的伴侣，留下一些非常美好的回忆，也是人生旅途非常值得回忆的事情。一旦步入婚姻的殿堂，就得扯下感情的帆，进入爱的避风港，过平静的生活。婚前的友谊是无拘无束的，自由自在的，婚后的爱情是单独的、专一的。

为保证友谊的清白，保证家庭婚姻的美满而不致产生误会，已婚男女在和异性交往的时候，应掌握好下列“钥匙”：

1. 不能隐瞒，应该如实相告

已婚男女与异性交往，最好让彼此的另一半都知道。如果你的异性朋友不熟悉你的另一半，你应介绍使他们认识。如果因为工作需要有单独的交往，也应该告诉你的爱人，避免彼此引起误解，影响夫妻之间的和谐。切忌背着自己的另一半，与他（她）不熟悉的异性交往。

2. 应该放得开

已婚男女在和异性交往的时候，和未婚男女的最大不同，在于这种交往是纯粹的友谊而没有丝毫的其他因素。所以这个时候的交往，应当摒弃少男少女的腼腆羞涩而落落大方。特别是在家中接待客人，对所有客人要平等对待。

3. 切忌有非分之想，要自己爱护自己

年轻男女，才华横溢、性格开朗、温柔漂亮，这些都会引起对方的喜欢。即便作为已婚男女，也会因此而招来异性的爱慕。对此切忌两点：一戒虚荣浮华，玩弄别人的感情，拿自己能引起异性的爱慕而得意非凡，或是向自己的爱人吹嘘，引起对方的猜忌，甚至导致家庭破裂的惨剧；或是借此玩弄他人的感情，使自己陷入到这个旋涡当中，最后弄得彼此都非常尴尬，最终导致无法挽回的后果。二戒喜新厌旧，控制不住自己的感情，禁不起他人的诱惑，轻易背叛自己的爱人。

至于如何对待倾慕自己的异性，最简单的办法就是时刻告诫他（她）你是有夫之妇或有妇之夫。这个时候，表明自己的态度要决绝。因为这已经不单单是你们两个人之间的事情，还涉及道德、法律、义务等许多方面，万不能掉以轻心。你应该晓之以理，把握住形势，将其恋情转化为友谊。但这需要双方的理智和毅力都要提高，没有足够自信的人，为了避免日后不必要的麻烦，最好的办法是尽可能疏远、回避。

收敛个性，莫要自作聪明

有些时候，我们需要收敛一下我们的性格。这样会对我们的前途更有利。

年轻的华裔斯蒂芬·赵可谓声名赫赫，他从哈佛毕业后就在好莱坞大展拳脚，不久便一飞冲天，飞黄腾达，到36岁时已成为福克斯电视台的经理。

然而，在某年夏天，赵遇到了一些不顺心的事情。在一次由总裁鲁伯特·迈都克主持的公司高层管理的会议上，当轮到赵就新闻检查进行报告时，他标新立异地安排一位演员在一旁脱衣以展现新闻检查之后果。可想不到的是这一弄巧成拙的噱头使董事们非常恼火，迈都克只好将他炒了鱿鱼。

为什么像斯蒂芬·赵这么聪明的人也会做出如此蠢事？身为一名管理顾问，我曾认真分析了大量愚蠢的决定和出自那些高层人士之手的傻事。在我们的生活中难免会出现失去理智的时候，因此，在明白了精明的头脑为什么会乌云障目自毁前程时，就会使我们避免犯他们的错误。根据研究，聪明人做蠢事的原因大概有以下几种：

1. 自负看不起别人

“聪明人总觉得自己比别人了解得更多。”洛克菲勒集团的副总裁布雷特恩·塞克顿说道，“这离无所不知也就只差一步了。”

约翰·桑诺智商很高，并常以此炫耀自己。这位喜欢争斗的新罕布什尔前州长和白宫办公室主任在国会里处处树敌，却又不想要积极和解。桑诺曾看不起密西西比的参议员洛特，认为他“不足挂齿”，可洛特日后却变成共和党参议员主席，桑诺因此而显得非常尴尬。

高智商的桑诺甚至做出一些让人无法理解的蠢事，他以个人名义使用军用飞机频频视察，结果引发了众人的愤怒。可当他需要有人帮忙的时候却后院起火，平时受够了桑诺呵斥的手下人纷纷倒戈相向，很多人落井下石，桑诺的政治生涯就此结束。

大学是一块培养聪明人的自负的沃土。1990年，人们发现斯坦福大学使用纳税人的钱做一些没有意义的事，诸如购买游艇和为校长唐拉德·肯尼迪的新偶举行新闻招待会。事情被揭发后，肯尼迪并不服气，相反却固执地认为政府的基金可用来支付与研究有关的“间接开支”，例如餐巾、桌布和在他家里举行的派对。他非常自大地说：“即使是我家中的一朵鲜花，也是与研究活动有联系的。”

肯尼迪所做的辩解引起一片哗然。一位斯坦福大学的老师说：“他好像觉得无论他做什么都是有充分理由的——只要是他做的。”几个月后，肯尼迪就因为忍受不了舆论的压力而被迫辞职。

人生就是这样，要切忌浮躁，不能在金钱和权利中迷失了自己，这样下来只会自食其果。

2. 偏执

倾听别人的建议对于成功来说是非常重要的，然而，一些聪明人却从来不会听取比他智商低的人的意见或建议。

从小的时候开始，智力超群便是一种可导致孤立的原因。那些天资过人者往往自成一体，抱团，不喜欢和其他人交往。

“聪明人喜欢和聪明人在一起，”咨询专家詹姆斯·威斯利说，“这也有一定的好处，但如果他们故步自封，自命不凡，接受不了别人的意见，事情就可能变糟了。”

这其中的一个危险是不愿承认适时而动。“当一个小范围的聪明人都同意某个计划时，”威斯利说，“他们就会显得偏执，即使在旁人有足够的证据证明其错误时也是这样。”

IBM 曾有过一个惨痛的失败。几十年来，该公司在电脑业内一直居于垄断地位。但是，当商用电脑市场开始下滑，顾客将目光转向更便宜的机型时，“IBM”的高层领导者们却对这一变化置若罔闻，对下层的建议也漠不关心，结果呢？个人电脑一炮打响，“IBM”在那几年中为此缩水了 70 多亿美元。

一名为一家饮料巨头工作的市场经理才华横溢，可不久为公司推出的一种新的饮料却没能产生预期的效果，后来人们发现，下层各部门送来的大量提议都被他丢在一旁。他对此的解释是：“那些建议不过是些不满而已。”

3. 自信心爆棚

在某一领域表现出来的能力并不能代表你在其他方面也能取得成功。

许多高智商者往往忽视了一个非常简单的道理：在某一领域表现出来的能力并不能代表你在其他方面也能取得成功。

维克多·加姆是哈佛商学院毕业生，靠推销小电器变成了百万富翁。1988 年，加姆购买了“新英格兰爱国者球队”，要知道经营一个人事关系复杂的足球队与推销电动剃须刀是两码事。果然，加姆接手后球队就一落千丈，随后又发生了球员对一名女记者的性骚扰事件而让这家俱乐部声名狼藉，球队因此一蹶不振。等到加姆从中摆脱出来时，他已经砸进去了几百万。

那些功成名就的人士和聪明绝顶的成功者都能深谙这些失误所蕴含的教训。他们喜欢倾听别人的意见，不会骄傲自大；他们能与形形色色的人打交道，决不故步自封；他们遇事三思而后行，也深知山外有山。

山姆·沃尔顿就是这样一位真正的商业巨子，这位白手起家到如今坐拥 550 亿美元的沃尔玛王国的商界符号，从不局限于待在他的办公室里面，而是坐着私人飞机到各地去考查他的那一系列的连锁店，他能耐心倾听不同的“同事”（他称雇员为“同事”）们的意见，甚至常常站在柜台前亲自给顾客递购物袋。

沃尔顿的谦逊即是他成功非常重要的秘诀之一。那些竞争者往往因此而忽略了他，而他自己的员工对他深信不疑，能与之进行非常愉快的交流。“我们并不聪明，我们只是能掌握时局的变化而已。”这是老沃尔顿留下的一句箴言。

第八章

放低姿态，才能左右逢源

清高和傲慢的人，永远是朋友最少的人。因为他们把面子看得比命还重，从来不肯放低姿态去迁就别人。他们对待朋友无比苛刻，从来不懂得宽容和谅解。久而久之，朋友圈子就会自动把这种人排斥在外。而要想避免这种悲剧，必须先改变自己，不要妄想着环境来适应你。只有放低姿态，才能左右逢源。

自命清高，只能孤芳自赏

对于某些人来说，最大的毛病就是自命清高、不合群、难与人相处。事实上，犯这种毛病的人，最多的恐怕还是知识分子。当然，并不是说，读多了书，就一定会自以为是，目空一切，但是，相比之下，读书人爱犯这种毛病，是千真万确的事实。

其实不自觉的自视过高，大多出于生理原因，即人总是以自我作为判定和衡量是非、优劣的基础。一切由我出发，一切以我为准，这无疑是最自然、最方便的。在正常情况下，这是自信心的表现，在非正常情况下，就很容易变成不恰当的自我估计。

自觉的自视过高，大多出于心理原因，其动力就是虚荣心和护短。有人说虚荣是落后的根源、骄傲的渊源，并非没有道理，正是虚荣心的作怪，人才往往欺骗自己，干出瞪着眼睛说瞎话的傻事。不管是自觉的自视过高，还是未被察觉的不自觉的自视过高，都属于自己未能真正了解自己的范畴。这种现象，表现在对于社会要求方面，就是对社会的期望过高，盲目地要求它有自己本不存在的种种优点和能力，能有理想中的回报。但是，由于这种期望本来就是建立在虚假基础上的，所以最终的结果必然是难圆好梦，要求落空，于是随之而来的就是懊丧、不平以及对于社会和各种机遇与人际关系的诅咒与抗争。这种情况，在文学领域可能早就屡见不鲜了。李白当然不能说是无才，更不能说是愚盲，但他自恃才高盖世，目空一切，与人不相容，钻进了自以为一能百能、一通百通、“天生我材必有用”的死胡同，卷入政治涡流之中又难以自拔，所以也就必然要陷入孤芳自赏的迷魂阵，最后只能以悲剧而告终了。

清初有位颇具天赋的诗人黄仲则，本来他如果能够苦心创作，将会在诗坛上大有作为，但是他却一直为了自己在仕途上所遇多歧，未能受到所谓乾嘉盛世的惠赐而抑郁不平，牢骚满腹，由羡生妒，产生了一种极为强烈的逆反心理，直接影响了自己的身体与情绪，最后贫病交加，只活了三十五岁就含恨以殁了。

看过《三国演义》和听过京剧《失街亭》《空城计》《斩马谡》的人，想必都熟悉马谡这个志大才疏、自命清高，最终祸及自身的人吧。

马谡是“马氏五常”之一，幼负盛名，一直骄傲自满，不可一世。刘备早就看出了这一点，所以在白帝城向诸葛亮托孤之时，就曾提出：“马谡言过其才，不可大用。”可是诸葛亮却没有看透这位夸夸其谈的纸上军事家，就在与劲敌司马懿交兵时，派他去负责军事要地街亭的指挥工作。不过诸葛亮终究是诸葛亮，在马谡出兵之前，他不但指派“老成持重”的王平当马谡的助手，而且一再嘱咐他：“街亭虽小，干系甚重。”并且请他安排就绪之后，立刻画一张地图来，但马谡自恃才高，一到街亭，他就大发议论，说：“此等易守难攻之地，何劳丞相如此费心！”同时决定：就在山顶扎营。早把诸葛亮的嘱咐丢到脑后了。

王平提醒马谡不要忘记丞相的指示，按照街亭的情况来看，若扎营于山顶，实是死地。因为如果一旦魏军切断了我们汲水之道，大家成了“涸辙之鲋”，那就“不战自乱”了。但马谡板起面孔，摆出一副教师爷的身份，训斥王平：“你懂什么？如果魏军真的围困我们，并断了汲水之道，那我们就是‘置之死地而后生’了。”

结果，魏军一到，果然切断水路，围困马谡，马谡失去水源又夺不回，后来果然失去街亭，被诸葛亮斩首。自古以来，读书人之中像马谡之流可谓多矣。

古语道：“秀才造反，十年不成。”这是因为人们知道中国的知识分子缺乏实干经验，纸上谈兵尚可，如果实干，恐怕得考虑考虑了。

放下面子去道歉，找回朋友是关键

道歉俗称认错。道歉的话一指按约定的方式去做事，因特殊情况失约而事后必须要做说明的话；二指对方当时未弄清情况造成误会，事后需要做解释的话；三指做事时因失误或犯错而造成损失，事后需要向对方认错或补过时所说的话。道歉的话是消除后遗症的“定心丸”，说得越及时越好。及时说，可以大事化小，小事化无；如果必须要说的话因难于启齿而拖延时间，“捂”的后果就有可能像把热毒捂成痈疽那样危险。因此，要学会艺术的道歉，至少要掌握如下几个要点：

1. 如果你认识到了自己的不对，你就应该立刻去道歉

当然，当对方心情愉快，时间悠闲的时候效果是会好一点的。但比如说，你今天犯错了，隔了几天才认错道歉的话，也未免太不应该了。因为，事情过后你再去道歉，人们往往会怀疑你的真诚度。

2. 认错道歉要堂堂正正，不必奴颜婢膝

认错本身就是真挚和诚恳的表示，是值得尊敬的事情，大可不必为此一蹶不振。态度要诚恳，要坦率。当你有某件事想要对方谅解时，态度是很重要的。你应该坦率地向他说出这件事中的缺点、错误，并表示改正，这才能证明你希望获得谅解的决心。例如小王和小赵是在异地出差后乘同一辆车回来的，他和她因是并列座位就攀谈上了，一攀谈就相识了，一相识就有相见恨晚的感觉，一有那种“感觉”就有了那层“意思”。于是分手时小王“白云出岫”，向小赵提出约请：明晚七时半在杏园第七棵杏树下“继续畅谈”，小赵也来个“流水下滩”，欣然答应，并且还相互留下了电话号码和住址。可到约之时小王因特殊情况失约了。

事后，尽管在电话上能说清失约的原因，但小王还是亲自登门去向小赵说明原委：因邻居陈大娘得急病，他和几个青年抢时间送陈大娘到医院急救，难以脱身。小王边说边拿出医院的一系列证据来证实这些都是真话，这使得小赵感动得泪流满面。尽管如此，小王还是很真诚地向小赵道歉说是自己失约了，以后将一诺千金再不违约。小赵听了这番话，更了解了小王的为人，以后的事，聪明的读者就可想而知了。

3. 道歉不要推延时间，要越早越好，要面对对方清晰地表明

若是事过境迁，一是难以启齿表达歉意，二是听者将会无视你的诚意。对自己所干的事勇于承担责任，不推托，不找借口，更不要文过饰非；也不要采取大事化小、小事化了的态度。

4. 既然是你已经做错了，就无须掩饰，勇敢地承担起责任才是获得谅解的最好办法

推卸责任或避而不谈，只能适得其反。向对方道歉时，要倾听对方的诉说，了解他的内心需求，有针对性地道歉。不可不视具体情况，就千篇一律地用“对不起”“请原谅”，而是要具体问题具体分析。如果损坏了别人的东西，还应当赔偿。主观上要真心，充分显示出内心的悔意和爱人之心。如果将道歉视为息事宁人的手段，而漫不经心、敷衍塞责，不但起不到相互沟通的作用，反而会失去别人的尊敬，使关系向恶化方向发展。

5. 给对方时间以接受你的道歉

你的错误使对方产生不快，对方对你从不满到谅解，需要一个过程。如果你马上请他原谅没有当场被接受，稍后再过去表达你的歉意和不安亦可。如果是熟人之间要致歉，也可以相互回顾当时的情况，仔细分析发生不快的背景、起因和当时的处境，使对方分清什么可以原谅，什么不可以宽容。经过冷静的分析，可以更好地增进双方的友谊，弥补已经造成的裂缝和过失。

谦虚听人劝，忠告最值钱

中国有句俗话：“听人劝，吃饱饭。”我们每一个人都不可能获得这个世界上所有的知识，这时谦虚地听取别人的忠告，可以让我们少犯很多错误。然而心高气傲的我们，很少有人能听进去别人的劝告。很多人一意孤行，最终吃了大亏才明白别人的好意。

罗斯福总统打猎的时候，他会去请教一个猎人，而不是政治家；正如他有政治问题的时候，会去请教一个政治家，而不是一个猎人一样。罗斯福之所以会有这样的觉悟，是因为他经受过切身教训的。

有一次，罗斯福和猎人麦利同时看见了一群野鸡，罗斯福便追着去打。“不要打！”麦利冲他喊道。罗斯福对这一劝告毫不理会。当他的眼睛正盯着野鸡的时候，忽然从树丛中跑出了一头狮子，从他面前掠过。罗斯福想拿出他的手枪，可是已经太迟了。幸好麦利及时扣动了扳机，将狮子击毙，不然罗斯福恐怕就要为他的莽撞付出惨重的代价了。

事后，麦利毫不客气地责骂罗斯福是个头等的傻子，并以命令的口吻说道：“我每次叫你不要打的时候，你就要站着不动，懂吗？”

罗斯福安然地忍受着麦利的责骂，因为他明白麦利所说的是完全正确的。日后他驯良地服从猎人的命令，他之所以服从是因为那个猎人在打猎方面具有丰富的经验。

术业有专攻，每个人都有自己熟悉的领域。在自己的领域内我们可能是专家，但在别的领域内我们也许只是菜鸟。一个电影明星的演技或许是无可挑剔的，但是如果让他去做生意，他可能会赔得一塌糊涂。同样，一个正直诚实的教师在教学方面成绩卓著，但是如果要他证明某种药品的好坏，恐怕也没有人能够相信他的判断。总之，人们总是会寻找专业领域的人士获得有关专业方面的知识和劝告，这样才会得到有益的忠告。

一个人的人格好，并不代表其对于任何事物都有证明的资格。然而，在请教别人时最容易走错的路，就是总是找那些心中觉得舒服的人，并且要那些人说谁是正确的。也就是说，通常在向人求教时，并不是想追求真正的智慧，或是利用长者已有的经验，不过是想让别人肯定自己的结论。如果得不到这种肯定，仍会按照自己的计划行事。

这并不是我们所说的谦虚。谦虚的态度应是无论你的感觉好坏，最重要的是求得真理，获取有价值的经验。虽然你可以找到某些赞同你的人，获得你所需要的肯定。然而，你却不知道你的看法是不是有可行性，有没有与真理接近。因此，要养成一种对于别人的意见虚心接受的态度，使判断与感觉的好坏无关。

在接受忠告后，也要进行一番判断，然后再决定是接受还是拒绝。一旦接受了忠告，却把事情做错了，也不要责怪别人，因为接受忠告也是经过了自己的判断。如果一味地把责任归咎到朋友身上，以后恐怕也没有人敢给你提出意见和建议了。

要愉快地接受忠告，以谦虚的态度去对待它，以谨慎的态度去执行它，并要具有容人之量，从中完善自身，让自己成为更受欢迎的人。

顺应人情说好话

每个人心目中最重要的人，其实就是自己。看团体照片时，你第一个看的是谁？大概99%的人是先看自己，看着照片上的自己，感到亲切，而且怎么看也不会腻，甚至有人会认为，就是旁边的人模糊不清，即使没照出来也无所谓。

在逛大街的时候，以观察女性为例，大部分的人会在玻璃橱窗前，看看自己的脸，还有人会对着镜子上的自己笑一笑，好像觉得很有趣。

这是不是一种异常的表现呢？回答是否定的。人是以自我为中心的。由上列情形可充分表现出人的心理和本性，然而我们也不会完全忽视他人，把这种关心自己的天性用来关心别人，正是人类不愿意孤独的心理现象。

一次，我的一个朋友在候车时，突然一位陌生人上前搭讪："我觉得，最近像你身上这种华丽的衣服，很不容易见到，我想布料是美国的。本人因为过去在某百货公司男装部服务，今天看到你这身好衣料，就过来和你聊天，你不介意吧？"被人称赞当然是高兴的事。不几天，他和公司里的同事们谈起这个话题："好的衣服，好的衣料，内行人一看就知道，听说这是某百货公司里最高端的时装。"虽然只是区区一件小事，这就表示那位看衣服的人很识货。如果你想表示关心，你就多讲些顺耳之言。

"您可能要生男孩。因此在这先恭喜您。"

"您的千金考上了名牌大学，这下该松口气了吧？"

这种乍看似乎不重要的话题，对听者来说，却感到很欣慰！

"科长，您的脸色看起来不太好，身体不舒服吧？请多加保重。"

“下雨路滑，回家路上请小心。”

对于下属以及同事们，也要谈些关心他们的话。“我觉得你最近……”不要找出理由来推脱，应该用行动来表示，当然不只是要表示关心，而且要表示热忱的关心才对。

“五月八日是你的生日，对不对，你今年几岁了？”“啊！28岁！正是人生的黄金时期，以后办公室就看你们这些新鲜血液的表现了。”

绝对不会有人因为上级关心自己的生日而感到不舒服。“我是十月生的，与你什么相干？”好像一般人不会有这样回答的。但是值得注意的是，对于女同志的年龄最好不要谈论。

“王小姐，今天是你的生日，对不对？今年多大了？”“啊，已经28岁了，准备找个什么样的男朋友呀？”这样的提问和关心，会令对方很不开心。

开玩笑也要有一个限度。有些没有口德的人常会讲些过去令人不快的经验或是尴尬的事。例如：“小黄，你们厂宣告破产，是去年的今天吧？”人们往往会将过去的惨痛教训牢记在心，而这种关心法只会使得周围的人感到厌恶。

尽自己最大的努力，对别人尽力地表示诚恳的关心，就能够受人欢迎，并且一定能够获得众多可贵的友谊，这就等于在自己前进的道路上垫上一块厚厚的基石。

做一个最受欢迎的人

怎样才能使自己深受别人的喜爱呢？为了要得人喜爱，我们应朝着哪个方向努力？

自古以来，人们常常引用“博爱”“宽容”这两个词，尤其是我们中国人，喜好用一些抽象的语言。往往仅仅提出口号就满足了，而不以践行为后盾，所以认真地问起：“何为博爱，具体地说，应该做些什么？”这时候所能回答如此问题的人，实在是寥寥可数。我们时常很容易接受一句话，但却不曾思考它所含的深意。换言之，语言和实践已经脱节，而人们并不想促使他们合二为一。这种情况的确令我们痛心疾首。任何一句至理名言，如果不能实践，则是一句没有生命的呆板口号，散发不出智慧的光辉。因此我们必须不断地努力，促进语言和实践的接近。

常常有人主张，想成为一个备受欢迎的人物，必须以诚待人，或是关心别人。但是，放眼周围，我们不难发现，现实社会中充斥着戴假面具的伪善者。这些伪善的人，一旦被人发现其本来面目，就再也无法获得他人的信任。我们需要的是出自内心的真诚关怀。

然而，关怀必须适可而止。过度的关怀，会陡然令人心生厌烦。

换言之，虽然诚实、正直、亲切皆为得人喜欢的基本要素，但是绝对不是必然的要素。因此，我们必须深切地思考更确实具体的得人喜爱的方法。只有在具体的实践中，才能获得别人的喜爱。

意大利一家商业杂志举办了一次评选活动，评选一位“最有魅力的男子”。

结果意大利尤文图斯足球队的教练里皮得票最多，成为一位“任何女子为之发狂的男人”。应该指出，这次评选的投票者，全部都是女性，所以，里皮获得的殊荣，可以说是一个男人在女性心目中印象的反射。

其实，不必羡慕里皮得到美人垂青，你同样也可以成为这样的人，无论何时何地，都能吸引异性的注意，在对方的心目中留下美好的印象。只要你培养出好风度，学习尊重别人，大家自然会喜欢跟你聊天，觉得你是天下第一等的好人。如何为自己建立一个魅力四射的形象？你需要注意以下各点：

待人诚恳，遇到愉快的事情，不妨笑一下；心中有疑难，不妨说出来与好朋友分担，客观听取对方的意见。

就算自己的薪水不高，也要学习做个慷慨的人。宁愿省俭一点，也不可跟人家斤斤计较，尤其是当朋友身困危境时，你要尽自己所能帮助对方。

人不可自以为是，目空一切，但更不可丧失尊严与自信。你要避免骄傲的言行，更要避免自怨自艾，未战先投降等愚行。

能够保持心境开朗，面上时常挂着微笑的人，不管在任何场合里，都是最受欢迎的人物。

一个时常改变主意，生活毫无规律而情绪化的人，试问怎样与人家融洽相处？你要避免犯自我放纵的毛病，现在就寻找生活的目标，培养正确的人生观，做一个有原则而重情重义的人。你会发现处处都向你伸出友谊之手。

学习尊重他人乃自重的根本，可惜一般人都不太重视这一点，结果弄巧成拙。

能够对一切新奇事情都感兴趣，拥有一颗活泼的心灵，不墨守成规，虚心接受人家的意见的人，会散发一种诱人的馨香。

严于律己，宽以待人

人生活在这个大千世界上，需要很好地处理人际关系，需要与朋友友好相处，如何才能做到这一点呢？通俗地说，必须用善良的心来对待一切，必须时时检点自己，也就是要严于律己。同时，对待朋友要宽容，得饶人处且饶人，也就是宽以待人。

严以律己能兴国。唐太宗李世民，是封建王朝里最为开明的君主之一，他为人处事以善良慎重为准则。他在哀悼魏征时说："以铜为镜，可以正衣冠；以古为镜，可以知兴替；以人为镜，可以明得失。"在贞观十三年说："外绝游观之乐，内却声色之娱。"正是他严格要求自己的言行，才得到百姓的敬仰和国家的昌盛。

严于律己，可使朋友从中感受到你的诚实，你的忠诚，也感受到你的为人。所以，很容易与朋友友好相处。

"万金易求，良心难得！"人心很容易受环境的影响，物质的诱惑、偏见的误导、恶人的拨弄，往往使人良心失落，失落了良心，还怎么与朋友相处？对待朋友需要的是良心。对朋友要"宽"，怎样才能算是宽以待人呢？

1. 不要以自我为标准来要求朋友

生活在大千世界中的芸芸众生，在性格、爱好、职业、习惯等诸多方面存在着很大的差异，对事物、问题的认识与理解也不尽相同。因此，我们不能要求朋友与自己一样，不能以自己的标准和经验来衡量朋友的所作所为，要承认朋友与自己的差别，并能容忍这种差别。不要企图去改变别人，这样做是徒劳的。

2. 不可吹毛求疵

古人说，金无足赤，人无完人。我们每个人都会有缺点的，不完美的人才是真实的人。“人非圣贤，孰能无过”，每个人都会犯错，即便是圣贤，其实也有犯错的时候。宋代文士袁采说过：“圣贤犹不能无过，况人非圣贤，安得每事尽善？”

我们和朋友在日常的交往中，一定要理智看待朋友犯下的错误。朋友不可避免地要出现或大或小的失误，甚至会给你造成一定的损失。这时千万不要动不动就横加指责，大声呵斥，甚至恨不得将他置于走投无路的境地。一个聪明的人，可以做到“乐道人之善”，多看到朋友的长处。《论语·阳货》中有“宽则得众”的思想，《论语·微子》中周公曾对鲁公说：“无求备于一人！”

3. 不要对朋友的失误怀恨在心

若朋友未能满足自己的需求，比如你请朋友帮忙办事，朋友没有答应你。或朋友有什么过错，做了让你利益受损的事情，切不可怀恨在心。因为怨恨不仅会加深朋友间的误会，影响友情，而且会扰乱正常的思维，引起急躁情绪。凡事要站在朋友的角度想想，这样或许能够理解朋友的所作所为。

《菜根谭》中有句话说得好：“径路窄处，留一步与人行；滋味浓的，减三分让人尝。此为涉世一极乐法。”我们外出的时候，遇到在道路狭窄之处，应该停下来让别人先行一步，不要争抢先行。此话也可以用在朋友之间，“人情反复，世路崎岖。行去不远，须知退一步之法，行得去远，务加让三分之功”。在人生道路上，遇到走不过去的地方不妨退一步，让对方先过，就是宽阔的道路也要给别人三分便利，有理也要让三分。只要心中常有这种想法，那么人生就会快乐安详。

将“特殊才能”发挥出来

一个人不论目前身份如何，工作现况如何，只要有心改变，都能将其本身独具的“特殊才能”发挥出来。

有位人寿保险公司的业务员，过着极为平凡的生活。

他一直努力工作，每个月访问100位客人，而每个月里也总有一两次的机会接触到大人物，大多是公司总经理级人物。虽然他每次在拜访这些大人物前，仍多少有些神经紧张，然而当他和这些大人物会面时，却往往比与那些小客户见面时更能交谈沟通，更令人惊奇的是，每次访问这些大人物之后，缔结契约率总是远比那些小客户的成绩要好得多。

追究其原因，原来每当他和大人物见面交谈时，他神经紧张的毛病立刻消失，而且总是尽量投其所好，寻找对方有兴趣的话题。大人物们最讨厌那种阿谀奉承的人，而这位业务员绝对避免如此，因此谈话始终轻松愉快。尽管他有能力说服这些大人物购买他的保险，但由于他并不常拜访这种大人物级的客户，所以一年内，也只不过才有两三笔大生意而已。

实际上，在这里我们已可以明显地看到他的“才能”都被隐藏起来了。“就在这里”的信号闪个不停，但是他从不曾注意到，更不用说对这项才能加以利用了。

日子就这样一天天过去，数年之后，他的上司换了。新上任的业务经理知道他具有开发大客户市场的能力，但是更想了解为什么他不能善加利用这项潜在的能力呢？

经过一番会谈后，他告诉业务经理：“我每次想要拜访大人物时，精神总是非常紧张，所以我并不真的很想去拜访他们。”业务经理听完他的话后分析，如果他自觉到自己具有一种和大人物交谈时，会产生折冲作用的能力时，神经紧张马上就会消失无踪。业务经理就对他说，所谓自信其实就是自觉有能力去完成该完成的事。

又过了数年，这个业务员已成为保险界数一数二的业务高手了。

当然，他也开始向后起之秀传授有关这方面的亲身经验。其内容多半是他长期无法出人头地的原因——太晚发觉自己所具的潜能。然而一旦顿悟并加以活用之后，他就开始无往不胜地拓展出漂亮的业绩。

当他一开始活用其才能，他的身价与收入便急速上升。业务经理的预言果然一点也不错，当他懂得运用自己的说服力时，同时也带给自己无比的信心。现在的他说出了下面的狂言：“我只要能够和对方见面谈话，任何一个大人物都会接受我的保险契约。”

不论是何种才能，一旦你开始运用，就会如同启动开关按钮一般，立刻在你心底涌起某方面的自信。所谓自信，大部分都是在自觉拥有某种特殊才能后产生的。

体贴对待自己的下属

在日常的工作当中，管理者想要通过一定的手段来提高生产的效率，这不光是要对机器的性能进行改进，更重要的是要把握住员工的心理，只有充分考虑到自己的员工，充分关心自己的员工，才能换来工作的顺利和企业的进步。

1. 从员工的角度出发来解决问题

有一家西木工程公司坐落在英国的普里茅斯以西 4 公里处，这家公司的总经理名叫海尔伍德。他精力旺盛，每当他身穿工作服、工作裤出现在生产车间里时，总会给人一种既神采奕奕又随和、友善的印象，让人在他面前不会觉得受到拘束。

海尔伍德经营的这家公司，有非常高的工作效率。自从 1969 年开始，每年营业额高达 300 多万美元。海尔伍德常说："我们公司的高速发展，应该将功劳归于我们所生产的耕耘机质量很高、螺旋式除草机的价格比竞争者便宜。"他还强调："我们公司成功的最关键原因，是公司的主要管理者与工人之间具有合作默契的精神。我们的管理小组，成员虽然少，但都是年轻人，每个成员都有很强的工作能力和工作责任感，大家都能尽自己最大努力。"

刚开始的时候，公司的占地不到 50 平方米，固定资产也仅仅是 15 万美元。海尔伍德觉得，一个公司能否高速发展，关键要看员工是否具有工作热情。他开始盘算如何提高员工的工作热情。他发现，按时间计算报酬的办法，对渴望发展的公司不但没有好处，甚至有时候是一个大障碍，于是他采取了按件、按质计酬的办法。这样，不仅提高了产品的质量，也提高了员工的积极性和士气。

按件计酬的方法，如果标准定得过高或过低，都会影响公司的生产状况。为确定一个合理的工资率，公司的管理人员到基层中来征求员工的看法，在双方都认可的前提下，还要经过一段时间的调试。经过与员工的商量后，制定出一个合理的计件工资报酬率，对员工和公司双方都有好处，这个制度既鼓励了员工多工作，也使公司增加了收益。

为了对那些为公司快速发展做出巨大贡献的员工表示谢意，公司又制定出一套全新的奖励制度。海尔伍德说："最近几年来，我们产品的市场出售的过程中，劳工成本平均占16%。以这个数字为基准，如果某月的劳工成本比率不到16%，那么就把节约下来的一半当成奖金，剩下来的一半作为公司扩展、前进的资金。"

奖金分配一般是在每一年结束的时候进行，每个人分配的数额是根据他的分红积分的多少来决定的。公司有个规定，每周根据实际生产的产品数量、质量，给每个人一个适当的分数。对于那些努力工作的员工，可以给他额外的积分。除此之外，员工如果能够按时上班、加班，或保持工作岗位的洁净等，也能够获得额外积分。

海尔伍德以这样的方式来激励自己的员工，使他的公司能够得到长足的发展。

总之，员工到底具有多大的工作潜能，其实在很大程度上决定于他们的管理者。

2. 认真考虑员工的意见

员工的工作是为了谁，站在不同的角度将会有不一样的答案。老板或许会觉得员工是在为他们自己工作，而员工的答案却往往来自于管理者对于他们的态度。

只有善于将企业利益同职工利益挂钩的老板，才能真正让员工们感觉到是在为自己工作。

能够为企业利益考虑的员工不但对于自己的工作兢兢业业，而且还会经常为企业的发展提出一些比较合适的意见。

这就关系到一个如何对待员工所提意见的问题。有的老板对此仅是敷衍几句而已，并没有重视，这实际上犯了一个非常严重的错误。

员工之所以能对企业提出意见和建议，这个从另一个角度可以看出他关心企业，把自己真正当成了企业发展的一分子。如果老板对他们的意见漠不关心的话，就会伤害了他们的积极性，对企业的发展只能是有害无益。

作为企业的领导者，经常会因为一时的冲动而拒绝接受别人（员工）的建议，而且有时候这条建议对企业发展非常有用。在员工向自己提出意见或者建议的时候，不妨仔细听听。如果确实工作太忙，就让公司其他部门的负责人先对这个建议的可行性进行分析。

宽容是一种艺术

海纳百川，有容乃大，一个人能不能成大事，拥有快乐的人生态度，就看他是否懂得宽容。宽容是个人品质的表现，它往往能折射出一个人待人处世的艺术。

宽容不仅有益于身心健康，而且对赢得友谊，维持家庭和睦、婚姻美满，乃至取得事业的成功都有着不可忽视的作用。因此，在日常生活中，无论对老人、对家人、对领导、对同事、对顾客、对病人我们都要有一颗宽容的心。

但是宽容不是软弱，不是纵容，也绝不是无原则的宽大无边，它是建立在自信、助人和有益于社会基础上的适度宽大，它是个人自觉遵守道德规范的体现。大事讲原则，小事讲风格。对于有小错的人，宜采取宽恕和约束相结合的方法；而对蛮横无理屡教不改的人，宽容就行不通了。

维克多·雨果是法国19世纪的文学大师，他曾说过这样一句话：“世界上最宽阔的是海洋，比海洋宽阔的是天空，比天空更宽阔的是人的胸怀。”有大胸怀的人，能够宽容别人的过错，自己也会得到无边无际的快乐。

有这样一个故事，在古代有位老禅师，一天晚上他在禅院里散步，看见墙角边立着一张椅子，他一看便知是有出家人违反寺规越墙出去了。发现这个椅子之后，老禅师却不声张，走到墙边，移开椅子，就地而坐。

过了不久，果真有一小和尚在黑暗中踩着老禅师的背脊跳进了院子。当他双脚着地时，发觉刚才踏的不是椅子，而是自己的师傅时，小和尚顿时一脸惶恐。但出乎小和尚意料的是，老师傅并没有责骂他，而是用很平静的语调说：“夜深天凉，快去添一件衣服吧。”

老禅师无疑是个聪明人，他一定是知道，这种不动声色的处事方式，比疾声厉色更有效果。宽容是一种无声的教育，比起责骂，宽容才是行之有效的方法。宽容是人难得的品质，它需要博大的胸襟和容人的雅量。

有人说宽容是软弱的象征，其实不然，软弱的宽容根本就算不上真正的宽容。人的烦恼主要来源于自己，即自己画地为牢，作茧自缚。宽容，首先要求对自己宽容，只有会宽容自己的人，才可能对别人也宽容。

电视剧《成长的烦恼》里发生的都是烦恼的事，但是剧里儿女、邻居间的宽容，最终把烦恼化作了阵阵笑声。

宽容是一剂良方，能让人得到淡泊自在的人生。轰轰烈烈固然是进取的写照，但成大器者，绝非是追求功名之辈。宽容地对待自己，就是心平气和地工作、生活。每个人都各有所长，各有所短，争强好胜容易失去做人的乐趣，只有勇于承认自己的缺点，才能扬长避短，才能不因嫉妒之火吞灭理智。

三国时，诸葛亮初出茅庐，刘备将其视为兴复汉室的希望，夸赞自己得到了诸葛就像如鱼得水，而关、张兄弟却不以为然。在曹兵突然来犯时，兄弟俩更是对诸葛亮冷嘲热讽，但是诸葛亮胸怀全局，毫不在意，仍然大公无私地重用他们，结果新野一战大获全胜，关、张兄弟也由此对诸葛亮佩服得五体投地。如果诸葛亮要小心眼，争论纠缠，不顾全大局，冷落关、张，势必造成将帅不和，人心分离，哪能有之后三国鼎立的全胜局面呢?

唐朝谏议大夫魏征，常常犯颜苦谏，屡逆龙鳞。但是唐太宗把魏征看作是自己的得失镜，对他以宽容为怀，诚心受教，由此开创了史称“贞观之治”的太平盛世。真正的宽容，应该是能容人之短，又能容人之长。如果他人一语不善，你便怀恨在心；一事唐突，你便抓住不放，这就缺乏基本的社会生存能力，只有那些能宽容且有容人之雅的人，才能在社会上长久地 立足下去。

宽容的过程同时也是“互补”的过程。对别人的过失加以适当地批评和帮助，日后在自己遇到类似的事时，便可避免大错；自己有了过失，亦不能灰心丧气，一蹶不振，同样要以大方的心态处理，并吸取教训，引以为戒，重新扬起工作和生活的风帆。

真正的宽容，能取人之长，补己之短，让自己获益匪浅。

黑脸开戏，红脸收场

黑脸开戏，红脸收场，这几乎是中国古代传统戏曲基本惯例。但处于人际关系中的红脸与黑脸，要想掌握得当却不那么容易，待人接物，各有其道，不可能是千篇一律的，红与黑之间要把握得当，方能立于不败之地。

心怀怨恨，随意发脾气是人际交往中的大忌。尤其是面对长辈的时候，小辈们更要收敛自己的言行举止，万不可有所冒犯，有失礼节。但如果遇到某些有恃无恐或刁蛮要横的倚老卖老之人，也不能一味地回避退让、忍辱负重，这样反而会令对方以为你软弱可欺而得寸进尺。

1963 年，因为遗产方面的纠纷，曾宪梓在远在泰国的哥哥曾宪概的数次催促下，终于来到了泰国。曾宪梓的叔父曾桃发知道后，以为曾宪梓定是与其哥哥联手来对付他。于是便出现了这么一个场面：

某天早上，三个面带笑容的客家长辈来到了曾宪梓的小店铺里，非常热情地要请曾宪梓去“喝喝茶、吃吃饭”。曾宪梓寒暄了一番后，随他们来到了曾桃发的公司里。待所有人都就位以后，叔父们便一改往日亲切温和之相，纷纷对曾宪梓大加责难：“你看你，像话吗？一点道理也不懂。来了泰国这么长时间，也不来拜访叔父、叔母。你这算什么？没大没小！”

实际上，曾宪梓来泰国的当天便登门拜见了叔父叔母。所以，叔公们的当面训斥令曾宪梓一头雾水。叔公们见曾宪梓没有说话，认为他真的是那么大逆不道，完全不留情面，把曾宪梓骂了个“狗血淋头”。原本自尊心极强且血气方刚的曾宪梓终于按捺不住，做了黑脸的莽汉，怒气冲天：“你们简直是太不讲道理了！

原本我应该尊重你们，因为你们是我的叔公，但是从你们这番不明事理的话里，从你们玩弄的这些小把戏里，你们就再也得不到我的尊重。”曾宪梓指着刚好从他们面前经过的一个小孩说道，“我这个人，从来都是尊重讲道理的人的。即使是这样的小孩子，他也会知道做人应该讲道理，应该明白道理，我也会很敬重他。至于像你们这样的老前辈，不懂一点道理，只会心怀鬼胎，昧着良心对有钱人溜须拍马，你们这样做，会让我更加瞧不起你们，对于你们我也用不着尊重！”

曾宪梓一番义正词严的回击，令原本气焰嚣张的叔公们顿时气势萎缩，哑口无言。然而，如果任其怒火信马由缰，刚言怒语如决堤洪水滔滔不绝的话，就有可能使原本已有的胜势转瞬即逝。因此，曾宪梓过了一会儿开始摆事实，说好话，扮起了红脸好人，非常及时地给叔公找台阶，将这幕戏做了一个圆满的结尾。“叔父靠着自己的劳动，自己的智慧，好不容易建立起像今天这样庞大的事业。现在叔父要钱有钱，要势有势，那也只是叔父的能耐、叔父的本事，我只会打心眼儿里佩服。叔父现在完全不用为了这些财产的事情绞尽脑汁，你是我长辈，你有话跟我讲，让一个下人把我叫来就可以了。”

人们都希望自己展现给别人的是优点，对他人不失时机的赞美，可使对方产生比较宽松的心理，为下一步的交往沟通提供条件。曾宪梓的叔父孤身一人于异国他乡艰辛奋斗，而拥有今天的财富和名望，足以体现其不凡之处。曾宪梓这番溢美之词，既充分褒扬了叔父在商场中的本事，又由衷地表达了自己对叔父的佩服之意。言语得当，没有溜须拍马之嫌，从而打破了两代人之间的心理隔阂，令叔父叔母非常感动：“好侄子，好侄子！”原本剑拔弩张的气氛转瞬间化为乌有。

曾宪梓在人际关系、家庭纠纷中所表现的游刃有余，红黑脸相间的高明手法，说明了他在商场中的出色绝非浪得虚名，而是名副其实。